Im Dämmerlicht

Heinrich Ostmann

Im Dämmerlicht

Fesselndes Waidwerk in
heimischen Revieren

KOSMOS

Inhalt

Jagen ist Kunst und Erleben 7
Nachtansitz 8
Der dicke Stein 12
Betthupferl um Mitternacht 17
Heute ... und morgen? 20
Nachtgefecht 21
Sieben Schichten 25
Der Nacht- und Nebelbock 30
Such' verwundt, mein Hund! 34
Der angepinkelte Keiler 35
Romeo und Julia – jagdlich uraufgeführt 38
Nachtwind 43
Die Ostergans 44
Unerwarteter nächtlicher Besuch 47
Frühansitz im Labyrinth 50
Urians Herausforderung 53
Du hast Glück bei den Sauen, cher ami 58
Nachts auf dem Eichensitz 63
Wilderer im Hirschloch! 65
Militante Hausbesetzer 69
Sauenspuk 74
Fuchs, du hast ihn ganz gestohlen! 78
Der Silvesterkeiler 82
Liebeserklärung an einen Bauhund 87
Schlaflose Nacht 88
Nicht geschossen ist so gut wie vorbei 94
Schießen oder nicht schießen? 99

Kirschen in Nachbars Garten ... 100
Blühende Heide ... 107
Wolpertinger ... 108
Jeder Fuchs liebt seinen Bau ... 109
Wenn es Nacht wird im Revier ... 117
Immer am Karfreitag ... 118
Karsamstagsbad mit neuer Duftnote ... 126
Madonna der Landstraße ... 131
Verräterische Abwurfstangen im Heidekraut ... 134
Nachsuche im Labyrinth ... 138
Im Niedermoor ... 144
Der Verweigerer ... 145
Wildernde Meute ... 151
Äpfel schmecken nachts am besten ... 158
Hörnerklang im Frühling ... 162
Einmal getroffen – zweimal verfehlt ... 163
Hüttenfest mit „Schüsseltreiben" ohne bzw. anstatt Treibjagd .. 171
Oh, du schöner Knödelbogen ... 177
Der Regenbogen-Bock ... 178
Wenn der Hund nicht 182
Schicksalhafte Entscheidung ... 191
In der Krähenhütte ... 196
Auf Grimbarts Spuren ... 202
Jägers Erntedank ... 207
An der Salzlecke ... 208
Zur Nachtzeit an der Winterfütterung ... 213
Heiligabend im Revier ... 219
Quo vadis, Nachtjagd und deutsches Waidwerk? ... 221

Jagen ist Kunst und Erleben

Der Mensch ist das Maß aller Dinge. Er wird gemessen an seinem Verhalten gegenüber der Umwelt und ihren Kreaturen.

Jagen heute ist die Kunst, die Umwelt, Flora und Fauna nach ökologischen und ökonomischen Grundsätzen im Gleichgewicht zu halten und ihren Bestand für die Nachwelt zu sichern.

Jagen heißt Erleben. Die nachfolgenden Jagderlebnisse sind Geschichten, die das Leben schrieb.

Heinrich Ostmann

Nachtansitz

In der gemütlichen Wirtsstube war eigentlich alles vorhanden, was einen genussvollen Abend versprach. Wohlige Wärme, knisterndes Feuer im Kamin, deftiges Abendbrot, ein guter Tropfen, dazu eine gesellige Stammtischrunde aus der Bauernschaft.

Und draußen Temperaturen von etwa zehn Grad Minus. Die Landschaft verzaubert durch Raureif, der sich tagsüber als wallende Nebelschwaden auf Wiesen, Felder, Busch und Baum gelegt hatte.

Schuld daran, dass sich diese gemütliche Wirtshausstimmung plötzlich änderte, war eigentlich die im Wagen liegen gebliebene Tabakspfeife. Als ich aus der Tür trete, um den kurzen Weg zum Wagen zurückzulegen und die Raucherutensilien zu holen, verwandelt das gleißende Licht des Vollmondes die Natur in eine glitzernde Märchenlandschaft.

Kein Nebel mehr, stattdessen ein sternklarer Himmel, kaum ein Windhauch zu spüren.

Vergessen Tabakspfeife und Gemütlichkeit! Endlich Ideal-Wetter für den Nachtansitz! Eine Thermosflasche voll mit heißem Tee, Nachtglas und Büchse im Wagen verstaut – den Haustürschlüssel nicht vergessen! – und los geht es zur Dickungskanzel, vor der die Sauen in der vergangenen Nacht frisch gebrochen haben.

Die Pelzmütze tief über die Ohren gezogen, die Hände in den gefütterten Handschuhen um das Lenkrad gekrampft, geht die Fahrt im hellen Mondlicht ein kurzes Stück über die Landstraße. Vor mir blitzen die Blinklichter eines Streufahrzeuges. Es ist glatt!

Die scharfen Sandkörner des Streugutes prasseln beim Überholen gegen meinen Jagdwagen. Das muss ein viel strapazierter Jagdwagen vertragen können.

An der Abfahrt auf den Schotterweg zur Waldhütte rutscht der Wagen leicht aus der Kurve. Also Vorsicht! An feuchten Stellen ist mit Glatteis zu rechnen.

Langsam kriecht der Wagen auf dem gewundenen Weg den Berg hinan, je nach Fahrtrichtung im hellen Mondlicht oder im Schlagschatten der zehn Meter hohen Fichten, die, wie mit Puderzucker bestreut, unbeweglich am Wegrand stehen.

Nach der nächsten Kurve den Motor abstellen und den Wagen langsam auslaufen lassen! Auch ohne Motor ist das knirschende Fahrgeräusch der rollenden Räder noch zu laut. Ein Käuzchen, das lautlos den Weg entlang schwebt, macht mich neidisch wegen seiner Fähigkeit, sich unbemerkt anzupirschen. Also gebe ich mir Mühe, möglichst geräuscharm die Wagentür zuzudrücken, ohne das metallische Knacken ganz vermeiden zu können.

Auf dem gewundenen Pirschweg, gesäumt mit glitzerndem Heidekraut und glitzernden Waldbeerbüschen, arbeite ich mich vorsichtig an die Schneise heran, an deren Stirnseite die Dickungskanzel steht, links und rechts flankiert von bürstendichter Fichtendickung.

Meine „Verpackung" macht es mir nicht gerade leicht, auf den reifglatten Sprossen der Leiter die Kanzel zu erreichen.

Die Fensterklappen stehen Gott sei Dank vom Vormittag her noch offen. Die Thermosflasche unter den Sitz gestellt, die Waffe auf dem Fensterbrett in Stellung gebracht, nochmals die „Verpackung" dicht gemacht, das Nachtglas auf der Sitzbank, und dann vorsichtig zurückgelehnt an die Kanzelrückwand, durch deren Ritzen trotz der Windstille die Kälte kriecht. Aber noch stehe ich unter „Dampf", sodass meine Brillengläser leicht beschlagen sind.

Und nun beginnt das alte Spiel. Lautlos abwarten, hin und wieder die Dickungsränder mit dem Nachtglas ableuchten, den Kragen höher schlagen, die Pelzmütze tiefer ziehen.

Nach anderthalb Stunden melden sich die ersten Ermüdungserscheinungen. Also: Augen zu! Die Ohren auf Empfang! Leider ist das auch nur ein „Rezept" für zehn Minuten; dann hilft nur noch ein Becher heißer Tee, die Lebensgeister zu wecken. Und immer wieder geht der Blick über die silbrig-weiße Schneise, auf der sich die Schatten mit dem wandernden Mond langsam verändern.

Es ist gefühlsmäßig schon nach Mitternacht. Auf mein Zeitgefühl kann ich mich im Allgemeinen verlassen. Aber wie heißt es doch? Vertrauen ist gut; Kontrolle ist besser! Die Taschenlampe wird vorsichtig auf das Zifferblatt der Armbanduhr gedrückt; ein kurzer Lichtblitz – und die grünlich schimmernden Leuchtziffern weisen aus: 0.20 Uhr. Langsam kommt der Frust. Kalte Füße, kalte Nase, kalte Finger! Kein Wunder, wenn man unbeweglich sitzt. Der Gedanke an das warme Bett schleicht sich ganz langsam in das Wunschdenken zwischen dem Erscheinen einer groben Sau und dem Heimgehen. Ein Blick auf die Schneise: Noch steht der Mond gut! Also wird noch eine halbe Stunde zugegeben.

Nach einer weiteren Viertelstunde macht sich erneut bleierne Müdigkeit bemerkbar. Die Augenlieder sinken tiefer und tiefer.

Da! – Ein schwaches Geräusch, das nicht in diese Ansitznacht passt! Angestrengt lausche ich. Und noch einmal dieses Geräusch, an derselben Stelle! Als ob ein Stein geworfen worden wäre.

Hellwach greifen die Hände zum Nachtglas, um im Schatten der Dickungsränder nach Verdächtigem zu suchen. *Nichts!*

Aber es ist da was; ich spüre es.

Und dann schieben sich lautlos auf etwa fünfzig Metern Entfernung zuerst zwei, dann drei, schließlich fünf dunkle Wildkörper auf die helle raureifbedeckte Schneise.

Sauen!!! – Dazu braucht man kein Glas. Jetzt nur ganz vorsichtig Maß nehmen. Die Waffe liegt gut auf dem Fensterbrett. Der rechte Zeigefinger sucht den Stecher, der Daumen an der Schiebesicherung, das Auge am Zielfernrohr.

Das Klicken des Stechers halten die Sauen noch aus, die Schiebesicherung gleitet nach vorn. Lautlos! Der Zielstachel steht voll auf dem gedrungenen Wildkörper eines mitten auf der Lichtung verhoffenden Stückes. Das müsste ein Keiler sein!

Hubertus hilf! – Der peitschende Knall, der die Stille zerreißt – das blendende Mündungsfeuer – dann das erlösende Aufatmen. Die Sau liegt im Feuer!

Vorsichtshalber rasch nachladen! Aber es ist keine Vorsicht mehr nötig. Nach kurzem Schlegeln ist Ruhe; Ruhe, wie vorher in der Winternacht. Die Bühne ist leer, der Rest der Rotte in prasselnder Flucht davon.

Noch gönne ich mir fünf Minuten, um von der Kanzel aus gedanklich diesen Nachtansitz nachzuvollziehen, bevor ich abbaume und an das gestreckte Stück trete. Es ist ein Keiler, ein einjähriger Keiler.

Der Heimweg fällt mir nach dem Versorgen des erlegten Stückes leicht. Der Abtransport hat Zeit.

Es stört mich nicht, dass ich erst gegen vier Uhr morgens den Gasthof erreiche, um glücklich den Rest dieser herrlichen Winternacht zu verschlafen.

Und morgen, das heißt heute Morgen, wird der Abtransport der gestreckten Sau aus dem Walde ein krönender Abschluss bei aufgehender Wintersonne sein.

Der dicke Stein

Um drei Uhr morgens reißt mich der Wecker aus wirren Träumen. Ich kämpfe gerade mit einer Rotte Sauen. Vermutlich ist die Nachricht der Unteren Jagdbehörde über den Ausbruch der Schweinepest und den dadurch erforderlichen Totalabschuss im Landkreis der Auslöser für diese jagdlichen Träumereien.

Die Wirklichkeit hat mich wieder, als ich mich in das Jagdzeug schiebe und dabei ein Hindernis entdecke, das sich als Patronenhülse vom Vorabend entpuppt. Ein starker Fuchs hatte im Knall der Remington 222 am Fleck gelegen. Die leere Patronenhülse muss unbemerkt vom Tisch, wohin ich sie gelegt hatte, in die Stiefel gerollt sein. Heute soll es auf den heimlichen Bock gehen, der als „Gespenst" seit Jahr und Tag den Zugang zur Bienenwiese blockiert. Unzählige Male hat er mich, noch im Walde, mit seinem nur einmal ertönenden „Bö!" empfangen, um dann bei Nacht, und manchmal auch bei Nebel, abzuspringen.

Am gestrigen Abend habe ich eine Behelfsleiter so aufgestellt, dass sie leicht zu erreichen ist. Nur an eine Birke gelehnt und mit Draht angebunden hat es keinen unnötigen Lärm gegeben. Im Schutze der Nacht den Sitz zu erreichen – ohne verräterischen Lärm, muss nach meinen Vorstellungen möglich sein. So denke ich.

Ein gleichmäßig starkes Rauschen treibt mich an das Fenster. Die Scheiben sind nass; in der Dunkelheit sonst nichts zu erkennen. Nach dem Öffnen des Fensterflügels ist mir sofort klar: Ein gleichmäßig prasselnder Regen wird vom Wind mit gleichmäßiger Stärke durch die Nacht gepeitscht! Dazu kommt das Rauschen des am Hause vorbeifließenden, stark angeschwollenen Baches.

Die beiden Seelen in der Jägerbrust kämpfen heftig miteinander. Auf der einen Seite: *Wenn der Wind jagt, bleibt der Jäger zuhause!*

Auf der anderen Seite: Bei solchem Sauwetter rechnet auch das „Gespenst" nicht mit einem halbwegs vernünftigen Jäger.

Bei solch einem Wetter jagt man keinen Hund vor die Tür! Noch ist das Bett warm! Andererseits: Mit Sicherheit werden die Geräusche beim Angehen von Wind und Regen verschluckt. Was sonst nie gelang – vielleicht gelingt es heute! Also los!

Die kurze Fahrt zum Waldparkplatz verläuft reibungslos. Kein Fahrzeug auf der Straße. Die Scheibenwischer kämpfen mit den Wassermassen. Als ich auf dem Parkplatz die Wagentür öffne, fegt der Regen in das Wageninnere.

Schon bei der Abfahrt habe ich vorsorglich den Regenumhang umgelegt. Büchse und Glas lassen sich darunter geschützt verstauen. Wenn der Wind nicht wäre!

Die Regenkapuze kann nicht verhindern, dass die Brillengläser bald so aussehen, wie beim Aufwachen im Gasthof die Fensterscheiben. Da helfen nur Zusatzmaßnahmen in Form des Regenschirmes, der bei Jägern verpönt ist. Aber was soll's? Es ist stockdunkel und kein Mensch weit und breit vorhanden.

So ausgerüstet stemme ich mich gegen Wind und Regen auf dem Waldweg durch Pfützen und Rinnsale nach vorn, meiner Behelfsleiter entgegen.

Dieses Mal bleibt das altbekannte „Bö!" des Gespensterbockes aus. Steht er heute vielleicht doch draußen in der Wiese? Aber zunächst muss noch der Kampf mit der schwankenden Leiter bestanden werden. Wie heißt es so schön im Lied von den Blauen Dragonern? ... Die Birken, sie wiegen sich lind. Ein Glück, dass der Wind auf den Wald zusteht! Und das in gleichbleibender Heftigkeit, sodass das Schwanken der Leiter erträglich ist.

Endlich sitze ich.

Alles dunkel. Nur prasselnder Regen auf Schirm und Regenumhang. Das heißt: Schotten dicht machen und warten, bis die Dämmerung anbricht.

Erstaunlich die Erkenntnis: Wenn man regendicht sitzt, kann sogar ein Nachtansitz mit geschlossenen Augen seine Reize haben. So finde ich noch genügend Zeit, bei strömendem Regen meinen Gedanken freien Lauf zu lassen.

Nach einer kleinen Ewigkeit zeigt sich beim Blick unter dem Kapuzenrand her das erste Anzeichen der Dämmerung. Trotz Regen, trotz Wolken, trotz Sturm – das Tageslicht bricht sich Bahn. Noch bringt ein Blick durch das Nachtglas keine Erkenntnisse darüber, wie es in der Wiese vor mir aussieht. Kein Wunder, wenn von Glas und Brille die Regentropfen perlen.

Eine Schnellmontage des schützenden Regenschirmes bringt kurzzeitig Abhilfe. Die Sicht verbessert sich von Minute zu Minute. Die ersten Büsche tauchen im Glas als Umrisse auf. Auf fünfzig Meter Entfernung kann man schwach Einzelheiten erkennen. Maulwurfshaufen und Steine lassen sich beinahe schon unterscheiden. Ein besonders markanter Stein am Wiesenrand ist für mich das Testobjekt für die Möglichkeit des Ansprechens.

Wenn der vom Wind gepeitschte Regen nicht wäre! Die Augen bohren sich förmlich in das Halbdunkel. Aber keine Silhouette eines Stückes Rehwild ist in der Wiese erkennbar. Doch das kennt man ja. Plötzlich, wie aus dem Boden gewachsen, steht das Wild in Anblick.

Also weiter die Wiese mit dem Glas ableuchten! Wie steht es eigentlich mit dem Ansprechen meines dicken Steines?

Ein freudiger Schreck durchfährt mich! Das kann nicht wahr sein! Mein Stein, voll im Nachtglas erfasst, springt soeben über den Graben zwischen Wiese und Weizenfeld, auf dem die Saat kniehoch steht. Dann ist er wieder mein dicker Stein. Unbeweglich steht auf fünfundsiebzig Meter eine Sau im Gebräch!

Jetzt nur nicht nervös werden. Das Nachtglas, vollgeschlagen mit Regen, brauche ich nicht mehr. Aber Brille und Zielfernrohr blank zu halten, ist beinahe unmöglich. Dazu kommt jetzt der innere Dampf, der die Brillengläser beschlagen lässt. Also putzen, putzen, putzen ... Die zunehmende Helligkeit kommt mir zu Hilfe. Brille und Zielfernrohr lassen es kurz zu, dass der Zielstachel bei leicht schwankender Leiter fest auf dem „dicken Stein" steht.

Dann Feuer im Glas und vor Augen! Noch blendet das Mündungsfeuer in der Dämmerung.

Als der vom Winde verwehte Schussknall vom Regen verschluckt ist, macht sich Enttäuschung breit. Die Bühne ist leer. Aber dick drauf war ich! Also: Wo ist er hin, mein *„dicker Stein"*? Zum Waldrand hin sind es kaum hundert Meter, zum gegenüberliegenden Rapsfeld knapp dreißig Meter. Ganz langsam setzt sich die Helligkeit durch. Noch sitze ich in Wind und Regen auf meiner sich wiegenden Birkenleiter und überlege.

Es gibt nur eine Möglichkeit, um Gewissheit zu erlangen: Anschuss kontrollieren! Dann werden wir weitersehen. Mit geladener Waffe unter flatterndem Regenumhang bin ich rasch an der Stelle. Klare Trittsiegel; frisch gebrochen auf der Suche nach untergepflügten Maiskolben. Die Fluchtfährte. In vierzig Zentimetern Höhe hellroter Schweiß an den Rapsstängeln.

Glücklich schiebe ich die Kapuze aus der Stirn und lasse mich nassregnen. Offenbar sitzt der Schuss voll im Leben.

Jetzt habe ich Zeit, denn ohne Hilfe wäre eine sofortige Nachsuche zu riskant. Sauen sind hart und für Überraschungen immer gut. Der Regen ist schwächer geworden, als ich den Heimweg antrete. Mit dem anbrechenden Tag erreiche ich mein Quartier. Als ich trockene Kleider am Leibe habe und der dampfende Kaffee auf dem Tisch steht, hört auch der Regen auf. Selbst der Wind beruhigt sich. Per Telefon werden mein Jagdaufseher und ein Jagdfreund benachrichtigt, um eine erfolgreiche Nachsuche zu garantieren. Treffpunkt: 10 Uhr, Waldparkplatz.

Und dann wird endlich auch mein Rauhaarteckel Ricco gefordert, den ich bei meiner Rückkehr abgeliebelt habe und der längst gemerkt hat, dass große Ereignisse auf ihn warten. Im Wagen kann er es kaum erwarten, an den Ort des Geschehens geführt zu werden.

Und dann geht alles sehr schnell. Mein Jagdaufseher und mein Jagdfreund übernehmen die Flankensicherung am Rapsfeld, falls die Sau auswechseln sollte. Ricco zieht mich auf der Wundfährte durch den pitschnassen Raps. Nach zwanzig Metern hört die

Schweißspur an einer im Raps quer verlaufenden Fahrrinne auf. Was nun? Der Hund bleibt in der Fahrrinne. Sollte ihm das Wasser in der Nase zu schaffen machen? Unaufhaltsam zieht er seinen Herrn und Freund hinter sich her. Der Schweißriemen liegt stramm in meiner Hand. Noch vierzig Meter – dann sind wir am Stück! Ricco hängt am Teller der Sau. Sie rührt sich nicht. Ich feuere aus dem schussbereiten Revolver einen Schuss in den Boden und melde lautstark: „Sau tot!" Blattschuss! Ein Bläschen auf dem Einschuss verrät den Sitz der Kugel, die einen zweijährigen Keiler zur Strecke brachte.

So nass und stürmisch wie der Tag begann, so feuchtfröhlich endete er. Die Luftfeuchtigkeit muss an diesem Tag besonders hoch gewesen sein!

Betthupferl um Mitternacht

Gerne denke ich an meine Zeit im einsamen Waldgutshof, umgeben von Wiesen, Feldern und Wäldern, in denen ich Jagdrecht genoss, zurück. Breit und behäbig stand das Herrenhaus mit seinem wunderschönen Fachwerk auf dem Hofgelände, betreut von einem Verwalter-Ehepaar und dessen Sohn. Eigentlich schade um die leer stehenden Räume, die einst von Graf und Gräfin bewohnt wurden.

Gern hätte ich mich dort eingenistet, wenn das Heizungsproblem nicht gewesen wäre. Aber die Räume waren einfach zu groß und zu kalt.

In dem angrenzenden Wirtschaftsgebäude mit den Stallungen und darüberliegenden Gesindestuben hatte ich mir einen kleineren Raum im Obergeschoss gesichert, der meinen Anforderungen entsprach.

Im Grunde benötigte ich nur einen Schlafraum; Verpflegung und Aufenthalt standen mir in der Wohnung des Verwalter-Ehepaares zur Verfügung.

Als ich heute anreiste, hatten mich meine Wirtsleute mit einer frohen Botschaft überrascht. Ein nagelneues Bett stand in meinem Schlafraum! Esche „natur", hochglanzlackiert. Das alte, solide Bauernbett mit seiner durchgelegenen Matratze war den Weg alles Irdischen gegangen.

Als ich von der Jagd zurückkam, war es schon fast Mitternacht. Die Lichtverhältnisse reichten nicht, um einen Nachtansitz mit Erfolg durchzuführen.

Beim Hochsteigen der knarrenden Holztreppe zu dem langen Flur, an dem die Gesindekammern lagen, wurde ich von meinem

Rauhaarteckel, meinem Freund und Helfer, freudig empfangen. Könnte es sein, dass er sich wie ich auf das neue Bett freute?

Oft genug war er nach der Jagd während der Nachtruhe mein heimlicher Beischläfer.

Als ich aus den Gummistiefeln steige, bewindet er schon neugierig das glänzende neue Bettgestell, um mich dann mit unschuldsvollem Dackelblick zu fragen: Ist das wohl etwas für uns beide?

Im Schlafanzug halte ich meinem Hund eine Moralpredigt. „In das Bett kommst du mir nicht! Hier ist dein Platz auf der Decke an der Tür!" Neben der Tür lag der einzige Lichtschalter im Raum.

Als ich das Licht löschte, lag Ricco, mein treuer Jagdgefährte brav auf seiner Decke. In dem dunklen Raum tastete ich mich über die rissigen Dielen zum Bett, um beim Einsteigen festzustellen, dass Ricco, dieser Schurke, schneller war als ich. Aber als meine Füße seinen warmen Körper unter der kalten Bettdecke spürten, hatte ich ihm schon verziehen. Also machten wir es uns im neuen Bett gemeinsam bequem.

Nochmals auf die rechte Seite in Schlafstellung gedreht ... da kracht es! Holz bricht. Mit einem dumpfen Schlag gerate ich samt Bett in Schieflage mit mindestens 20° Schlagseite.

Ich erinnere mich an ein schreckliches Kriegserlebnis, als ich mit sinkendem Schiff und ebensolcher Schlagseite im eiskalten Wasser der Ostsee baden ging. Gott sei Dank liege ich diesmal unter einer warmen Bettdecke. Ich bewege mich nicht, aber ich überlege. Sehen kann ich nichts in dem stockdunklen Raum.

Sollte der Fußboden gebrochen oder die Balkenlage über dem Stall abgesackt sein? Bei altem Fachwerk ist schließlich alles möglich.

In der Dunkelheit höre ich meinen Hund über die Dielen tappen. Vorsichtig strecke ich meine Hand aus dem Bett, um den Fußboden zu prüfen. Was ich in der Finsternis treffe, ist die feuchte Nase von Ricco. Also muss der Fußboden eigentlich vorhanden sein. Ich spüre die Fußbodenbretter, als ich mich langsam aufrichte und die Füße aus dem Bett schiebe. Zentimeterweise bewege ich mich in dieser babylonischen Finsternis in Richtung Lichtschalter an der Tür.

Riccos feuchte Schnauze hin und wieder an meinen Füßen erreiche ich endlich den Schalter; das aufflammende Licht lässt das ganze Ausmaß der Katastrophe erkennen.

Mein Bett, mein nagelneues Bettgestell, steht zwar noch. Die Matratze mit der Auflagenleiste ist einseitig abgesackt. Ein Stück der gebrochenen Leiste ragt wie ein Mahnmal unter dem Bett hervor.

Ricco hält respektvoll Abstand von der Unglücksstelle, als ob er sagen wollte: Dieser Kiste traue ich nicht! Es geht doch nichts über ein gutes, altes Bauernbett aus deutscher Eiche!

Ich musste ihm unbedingt Recht geben. Sicherlich hatte mein Bauernbett schon stürmischere Zeiten als mein harmloses „Betthupferl" im hochglanzpolierten Eschenbett unbeschadet überstanden.

Zugegeben: Ich hatte mich etwas unsanft auf die Schlafseite gelegt, mehr geworfen als gedreht. Aber ein solches „Betthupferl um Mitternacht" muss ein Bett doch wohl vertragen?

Morgens beim Frühstück habe ich meinen Wirtsleuten unter großer Heiterkeit von der nächtlichen Katastrophe berichtet. Sie haben geschworen, keine Manipulationen an dem Bett vorgenommen zu haben. Oder vielleicht doch?

Jedenfalls habe ich seit dieser Nacht grundsätzlich meinen Koffer unter das Bett geschoben, bevor ich mir ein neues „Betthupferl" erlaubt habe.

Heute ... und morgen?

Sag' mir, wann geht die Sonne auf?
Wann steht der Mond am Firmament?
Wer kennt noch der Gestirne Lauf?
Der Jäger ist es, der sie kennt.

Für Großstadtmenschen wird es Nacht,
wenn Lampen sich entzünden.
Dann wird die Nacht zum Tag gemacht,
wo Laster sich verbinden.

Sag' mir, wann blüht die Silberdistel
in letzten Nischen der Natur?
Wann auf dem Baum der Zweig der Mistel?
Allein der Heger kennt sie nur.

Der Jäger und Heger als Freund der Natur,
er schafft im Stillen, macht sich Sorgen
um die bedrängte Kreatur.
Nicht heute nur, er denkt an morgen!

Nachtgefecht

Seit Tagen war die Kirrung vor der Osterleiter stark von Sauen angenommen. Ihren Namen hatte die Leiter durch die Tatsache, dass sie am Karsamstag vor dem letzten Osterfest entstanden war. Inmitten einer Dickung stand sie auf einer Schneise, eingebaut in einer mächtigen Rotbuche, in einem fast unberührten Revierteil. Man saß dort sehr ruhig, ausgenommen – ja ausgenommen, wenn der Gefechtslärm vom fünf Kilometer entfernten Truppenübungsplatz herüberschallte. Schon manches Mal hatte mich der scharfe Knall der Panzerkanonen in der Waldeinsamkeit aufgeschreckt; aber daran gewöhnt sich der Jäger – und ebenso das Wild.

Am Vormittag hatte ich die Kirrung mit ein paar Händen voll Mais beschickt. Heute Abend wollte ich mein Jagdglück versuchen. Die Trittsiegel an der Suhle verrieten die Anwesenheit einer starken Sau. Ihr galt mein heutiger Ansitz.

In der Dämmerung hatte ich mich auf dem verschlungenen Pirschweg zur Osterleiter vorgearbeitet und mich dort für den Nachtansitz eingerichtet. Kreischend hatte ein Schwarm Eichelhäher die Kirrung geräumt, als ich aufbäumte. Ein paar Ringeltauben füllten sich vor Einbruch der Dunkelheit noch den Kropf mit einigen Maiskörnern, bevor sie klatschend abstrichen und ihre Schlafbäume aufsuchten.

Es war ruhig im Walde. Ein leiser Windhauch ließ hin und wieder das Blattwerk der Buche, die die Osterleiter verbarg, erzittern. Mit dem Nachtglas leuchtete ich in regelmäßigen Abständen die Schneise ab, um zu prüfen, ob noch genügend Schusslicht vorhanden war.

Noch war alles ruhig.

Nur vom Truppenübungsplatz her kamen gedämpfte Schussgeräusche.

Granatwerfer.

Erinnerungen an den Krieg werden wach. Gleich muss der Detonationsknall erfolgen! Und schon rammst es. Ein-, zwei-, drei-, viermal rollt es donnernd durch die Dunkelheit. Vier Einschläge, die die Abendstille erschüttern.

Ich warte auf die nächste Salve, die auch nicht lange auf sich warten lässt.

Wie ich die Sauen kenne, wird sie der Gefechtslärm kaum stören. Sie haben ein feines Gespür dafür, was für sie gefährlich oder ungefährlich ist. Das leise metallische Klicken des Stechers meiner Büchse würden sie nicht aushalten, wohl aber den herüberschallenden Schussknall vom Truppenübungsplatz.

So verbringe ich meine Zeit damit, über den Sinn militärischer Schießübungen nachzudenken. Und wieder sind vier Abschüsse zu hören. Ich zähle die Sekunden bis zum Einschlag. Bumms – rumms, rumms – rumms! Jetzt mischt sich der harte Knall von Schnellfeuerkanonen unter die dumpfen Abschüsse der Granatwerfer. Offensichtlich ist auf dem Truppenübungsplatz eine Nachtgefechtsübung in vollem Gange.

Zur Abwechslung leuchte ich mit dem Nachtglas einmal wieder die Schneise ab. Die Dunkelheit hat zugenommen. Noch sind Kontraste schwach erkennbar. Aber ich muss schon sehr scharf beobachten, ob die im Glas erkennbaren Konturen vom Bewuchs an der Kirrung stammen oder nicht.

Mein Blick saugt sich fest an einem dunklen Klumpen, der die Größe einer Sau haben könnte. Ich versuche, durch die Scharfeinstellung des Glases mögliche Bewegungen zu erkennen.

Vergeblich. Ich fasse den Entschluss, den Ansitz aufzugeben und lasse das Glas sinken. Bei diesem Licht ist kein Ansprechen mehr möglich, geschweige denn ein sicherer Schuss.

Als die nächste Granatwerfersalve in der Ferne auf dem Truppenübungsplatz verhallt, erhebe ich mich von meinem Sitz, um abzubauen und dem warmen Bett zuzustreben.

Da wird es hell. Sehr hell! Gefechtsbeleuchtung auf dem Truppenübungsplatz. Am nächtlichen Himmel schweben langsam und geräuschlos zwei Magnesiumfackeln zur Erde, begleitet vom Geschoßknall der dort übenden Granatwerfer.

Unwillkürlich geht mein Blick über die Schneise zur Kirrung. Das gibt's doch nicht! Im Lichtschein der Magnesiumfackeln steht dort ein Schwarzkittel. Ganz langsam schiebt er sich über die Blöße, ein Maiskorn nach dem anderen aufnehmend.

Als die Überraschung weicht, lasse ich mich ganz langsam im Zeitlupentempo auf meinen Sitz zurückgleiten. Die Waffe vorsichtig in Anschlag zu bringen braucht Zeit; für mich eine kleine Ewigkeit. Noch steht das Stück im Gebräch, etwa vierzig Meter entfernt. Beim Blick durch das Zielfernrohr stelle ich befriedigt fest, dass der Lichtschein der Gefechtsbeleuchtung hervorragendes Büchsenlicht bietet.

Noch hat der Stachel des Zielfernrohres sich nicht auf dem Wildkörper festgesaugt – da wird es dunkel, nein – stockfinster. Die Magnesiumfackeln am Nachthimmel sind jäh erloschen. Ich sitze im Anschlag hinter meiner Büchse und schließe die Augen. Angespannt lausche ich in die Dunkelheit, um etwaige Geräusche vor mir auf der Schneise wahrzunehmen. Aber auch dafür besteht jetzt keine Chance. Wieder sind die Abschussgeräusche und Einschläge der Granatwerfer zu vernehmen, die alles andere überlagern.

Vor Aufregung ist mir heiß geworden. Sollte es vielleicht doch noch mit militärischer Unterstützung gelingen, zu Schuss zu kommen?

Noch hänge ich diesem Gedanken nach, da leuchtet es erneut am Himmel auf. Eine weitere Magnesiumfackel schwebt über dem Horizont und erhellt die Schneise. Unverändert steht die Sau an der Kirrung. Ich habe keine Schwierigkeit, sie durch das Zielfernrohr anzusprechen. Vom Umriss her ist das ein Überläuferkeiler; die erwartete starke Sau ist das nicht. Aber wie heißt das Sprichwort: Der Spatz in der Hand ist besser als die Taube auf dem Dach!

Der Zielstachel steht auf dem Wildkörper hinter dem Teller. Bei flackerndem Magnesiumlicht bricht der Schuss. Das Mündungsfeuer blendet mich kurz, sodass ich kein Zeichnen der Sau erkennen kann. Aber schon bald haben sich die Augen an das fahle Licht der immer noch Helligkeit spendenden Gefechtsbeleuchtung gewöhnt. Mit dem Nachtglas suche ich die Schneise ab. Ein dunkler Klumpen liegt an der Kirrung. Das müsste die Sau sein!

Nach dem Schuss war kein Prasseln und Brechen im angrenzenden Unterholz zu vernehmen gewesen. Das würde zu dem Klumpen passen. Aber noch halte ich auf meinem Sitz aus, die nachgeladene Waffe im Anschlag. Und dann ist es wieder finster um mich herum.

Noch immer klingen Geräusche vom Übungsschießen auf dem Truppenübungsplatz herüber. Auch dort wird jetzt im Dunklen gearbeitet. Ich aber möchte nun Gewissheit haben und baume ab. Mit griffbereiter Waffe gehe ich durch das feuchte Gras auf den Punkt zu, an dem ich die Sau vermute, hin und wieder meine kleine Taschenlampe aufblitzen lassend. Jetzt erfasse ich bei der geringen Reichweite des Lichtkegels den dunklen Klumpen. Noch zehn Schritte, und ich stehe vor der gestreckten Sau. Tief atme ich durch und schiebe meinen Hut in den Nacken, um mir die feuchte Stirn zu trocknen. Im Lichtschein meiner schwächer werdenden Taschenlampe breche ich das Stück auf, einen Überläuferkeiler von etwa vierzig Kilogramm Gewicht. Er wird ausgekühlt sein, bis ich von meinem Quartier zurück bin, um nach bewährter Manier den Abtransport mittels Sackkarre zu bewerkstelligen.

Die Uhr zeigt 23.50, als ich das Stück versorgt und im Kellerraum meines Gasthofes verstaut habe. Noch immer detonieren in der Ferne auf dem Truppenübungsplatz die Übungsgranaten, als ich mich glücklich in mein warmes Bett einschiebe. Für mich klingt das heute, als wenn sie Salut schießen würden, um mir Waidmannsheil zu wünschen.

Sieben Schichten

Wer sich zum Nachtansitz anschickt, ist gut beraten, wenn er sich warm anzieht. Wer sich zur Winterzeit zum Nachtansitz rüstet, tut allemal gut daran, sich besonders warm anzuziehen. Mein Rezept gegen die Kälte lautet: Mehrschichtige Kleidung tragen; mindestens sieben Schichten!

Gesagt – getan. Heute ist Karfreitag. Draußen leichter Frost bei etwa zwanzig Zentimeter Schneehöhe. Sternklarer Himmel mit Vollmond bei absoluter Windstille. Gut eingepackt, zusammen mit dem schweren Übermantel bin ich in sieben Sachen gehüllt, zwänge ich mich hinter das Steuer des Jagdwagens, um in gespannter Erwartung zur „Bullenkanzel" zu fahren. Mit der Bockbüchsflinte bin ich für alle jagdlichen Eventualitäten gut gerüstet. Gut ausgerüstet ist auch mein Jagdwagen, mit Schneeketten für alle Fälle.

In der mondhellen Nacht huschen die Lichtkegel der Scheinwerfer in den Kurven über die schneebedeckten Felder. Aber auch ohne Scheinwerfer erkenne ich Rehwild, das dort auf freigeplätzten Stellen steht und äst.

Am Waldparkplatz biege ich von der Landstraße ab und lasse den Wagen mit abgestelltem Motor und ausgeschaltetem Licht im samtweichen Schnee langsam ausrollen. Als ich die Wagentür öffne, huscht ein Marder, der den dort aufgestellten Papierkorb kontrolliert, in weiten Sprüngen über die weiße Fläche.

In meinem Ansitzzeug, dick vermummt, mache ich mich auf den Weg zur „Bullenkanzel". Im Walde ist es hell, sodass ich mich entschließe, das mitgenommene Schneehemd, das mir Tarnung auf dem bevorstehenden Weg durch das freie Feld verleihen soll, schon jetzt überzuziehen.

Ich komme mir vor wie ein gewaltiger Schneemann, als ich mit geschulterter Bockbüchsflinte und umgehängtem Nachtglas durch den unberührten Schnee stapfe, der lediglich von einer frischen Hasenspur in Richtung „Bullenkanzel" verziert ist. Als der Weg den Wald verlässt und in den offenen Feldbereich einmündet, nutze ich den Schatten einer Fichte aus, um von dort die vor mir liegende verschneite Wiese abzuleuchten, an deren gegenüberliegendem Rand, gut versteckt in einer wilden Kirsche, die „Bullenkanzel" steht.

Alles ist still. Keine Bewegung auf der weißen Fläche. Der Weg führt durch den gegenüberliegenden Wald von rückwärts an die Kanzel heran. Unberührt ist die verschneite Leiter. Beim Hochklettern stäubt der Schnee von den Sprossen. Die Kanzeltür klemmt etwas; bei aller Vorsicht lässt sich ein Krachen der festgefrorenen Tür beim Öffnen nicht vermeiden, weithin hörbar in der winterlichen Stille. Auch die Fensterklappen sind festgefroren. So vorsichtig wie möglich öffne ich sie und bin froh, als ich mich endlich auf die Sitzbank zurückgleiten lassen kann, um mich endgültig in der Kanzel für den Nachtansitz einzurichten.

An den beschlagenen Brillengläsern erkenne ich, dass ich in Dampf geraten bin. Kein Wunder bei meinen sieben Kleiderschichten plus Schneehemd, dessen ich mich erst einmal entledige. Geladen und gesichert steht die Bockbüchsflinte unter dem geöffneten Kanzelfenster. Für die erste Viertelstunde habe ich wohl kaum Anblick zu erwarten; dafür waren die Geräusche beim Beziehen der Kanzel zu weit hörbar. Nachdem ich mich akklimatisiert und an die winterliche Stille gewöhnt habe, verspüre ich den Frost an den Ohren. Die Klappen der Pelzmütze sorgen dafür, dass auch dieser Körperteil in wohlige Wärme gehüllt ist. Nun mag der Reiz dieser mondhellen Winternacht mich umfangen! Mit offenen Augen träumen, mit pelzgeschützten Ohren lauschen, die Stille genießen!

Im Gegenlicht des Mondes glitzern Eiskristalle. Die Schlagschatten der Fichten am gegenüberliegenden Waldrand zeichnen sich wie dunkle Zungen auf dem weißen Schnee ab. Der Ruf des Käuzchens, der in den dunklen Nächten etwas Unheimliches an sich hat, wirkt in dieser hellen Mondnacht angenehm belebend. Der Schnee stäubt vom Kanzeldach, als der kleine Nachtjäger über mir aufblockt und kurz darauf wieder abstreicht.

Im Walde mir gegenüber jäh das Schrecken von Rehwild! Sollte ein anwechselnder Fuchs oder eine anwechselnde Sau die Ursache sein? Angespannt beobachte ich den Waldrand. Nach einigen Minuten, nachdem sich nichts gezeigt hat, lässt die Aufmerksamkeit nach.

Gerade als ich mich auf der Sitzbank an die Kanzelwand zurückgleiten lasse, ist es mir, als hätte ich zwischen den dunklen Stämmen der Fichten einen gelblichen Lichtschein gesehen. Wenn es keine Täuschung ist, Mondlicht ist das nicht! Jetzt flammt der wie ein Irrlicht tanzende Lichtpunkt wieder auf, verlöscht wieder, kommt hinter dem nächsten Stamm wieder zum Vorschein.

Zur weiteren Überraschung blitzt jetzt ein weiterer Lichtpunkt dicht neben dem ersten auf, kommt langsam näher. Das sind Taschenlampen!

Wer zum Teufel schleicht um diese Zeit durch den verschneiten Wald? Wilderer? Wenn ja, dann sitze ich ungünstig in meiner Kanzel, voll beleuchtet vom Mond, eine vortreffliche Zielscheibe! Schnell ist mein Entschluss gefasst: Raus aus der Kanzel, abbaumen, Deckung suchen. Fast geräuschlos gelingt mir das Verlassen des Hochsitzes. Hinter einem mächtigen Buchenstamm nehme ich Deckung und leuchte mit dem Nachtglas vorsichtig den gegenüberliegenden Waldrand ab.

Jetzt sehe ich deutlich eine Gestalt, die sich von der weißen Schneefläche scharf abhebt. Auch die zweite Lampe blitzt jetzt wieder auf, erlischt. Eine weitere dunkle Gestalt betritt die Schneefläche, noch im Schlagschatten des Waldsaumes.

Während die beiden Unbekannten sich langsam am Waldrand entlang durch den Schnee arbeiten, bin ich fieberhaft mit dem Gedanken beschäftigt: Was tun? Wer treibt hier sein nächtliches Unwesen im Revier?

Raus aus der Deckung und im Mondlicht auf der Schneefläche die beiden stellen wäre sträflicher Leichtsinn. Was also tun? Ein links von mir auftauchender Fuchs nimmt mir die Entscheidung ab. Auf der rechtwinklig verspringenden verschneiten Wiese befinden sich vor mir die beiden vermummten Gestalten, um die Ecke herum links hinter mir der schnürende Fuchs. Den Fuchs beschießen und in Deckung bleiben! Das müsste Wirkung zeigen!

Für einen kurzen Augenblick lasse ich die beiden verdächtigen Personen, die sich langsam in Richtung Reviergrenze bewegen, aus den Augen. Die Wiese mit dem Fuchs ist von den beiden nicht einzusehen.

Dann peitscht der Schuss durch die Nacht. Der Fuchs seilt hoch und liegt dann. Noch im Echo des Schusses lade ich nach.

Sofort ist mein Blick wieder bei den beiden vermummten Gestalten. Die stolpern gerade in höchster Eile durch den Schnee Richtung Gutshof jenseits der Reviergrenze. Sie haben offenbar nur noch Flucht im Sinn.

Wer aber sind die beiden? Wer sich zu solcher Zeit im Revier herumtreibt, weckt den Verdacht der Wilderei.

Auf der ansteigenden Wiese vor dem Gutshof sind die Verdächtigen im Nachtglas zu erkennen, wie sie gerade eine Verschnaufpause einlegen; dann hasten sie weiter durch den Schnee. Sollten sie den Gutshof ansteuern oder gar dort hingehören? Ihr Verbleiben kann man jetzt bei den Spuren im Schnee am besten feststellen. Entweder enden dort die Spuren oder sie verraten mir die Marschrichtung der beiden Flüchtigen.

Und das will ich jetzt wissen! In Eile arbeite ich mich zu meinem abgestellten Jagdwagen zurück. Meine Brillengläser sind beschlagen, als ich dort ankomme. Mit offenen Fenstern und klirrenden Schneeketten steuere ich über den einzigen Zufahrtsweg den Gutshof an. Nach knapp fünf Minuten erreiche ich den Hof. In der Wirtsstube brennt Licht. Die Wirtschafterin Anna empfängt mich mit dem Ausspruch: „Schon wieder Besuch? Gerade waren die beiden Reisingers hier, um zu telefonieren. Sie wollten rasch nach Hause." Bei mir macht es Klick! Ich kenne nun die beiden Namen und erkläre, dass ich die beiden suche. Anna erklärt mir, dass sie in Richtung Waldparkplatz gegangen sind.

Ohne Zeit zu verlieren, klemme ich mich mit meinen sieben Schichten hinter das Steuer meines Jagdwagens und stoße nach etwa fünfhundert Metern auf die Gesuchten. Als ich die beiden anrufe, bleiben sie überrascht stehen.

Auf meine vehement vorgetragene Frage „Was treiben Sie zur Nachtzeit im Harringer Forst, ich bin der Jagdschutzberechtigte!" erhalte ich keine Antwort. Der Stärkere der beiden schiebt sich stattdessen an den Wagen heran und herrscht mich an: „Das geht Sie doch einen Dreck an! Mach', dass du weiterkommst."

In mir kommt der Zorn hoch. Schneller als gewöhnlich zwänge ich mich mit meiner Verpackung von sieben Schichten durch die Wagentür und baue mich vor den beiden auf mit dem Ergebnis, dass sie erst einmal fünf Schritte zurücktreten. Im Nachhinein ist mir klar, dass ich in meinem Ansitzzeug wie eine Plakatsäule gewirkt haben muss, und das hat offenbar beeindruckt.

Obwohl die beiden nicht wissen, dass ich bereits ihre Namen kenne, nennen sie mir auf meine energische Frage nach den Personalien zwar widerwillig, aber ihre richtigen Namen. Sie hätten einen Winterspaziergang gemacht und den Weg zum Gutshof abkürzen wollen.

Ich habe den Eindruck, dass der Schreck der nächtlichen Begegnung bei den beiden, die auch in benachbarten Revieren bereits als merkwürdige Gestalten aufgefallen sind, Wirkung hinterlassen wird und lasse es dabei bewenden.

Später habe ich mir vorgeworfen, mich unnötig in eine gefährliche Situation gebracht zu haben. Verfolgungsjagden auf vermutliche Wilderer, dazu allein und zur Nachtzeit, sind sicher keine Ruhmestat, eher eine Leichtsinnstat. Doch eines habe ich dabei gelernt: Auch bei der Jagd machen Kleider Leute.

Und mindestens sieben Schichten Ansitzkleidung machen den Jäger zur Nachtzeit zu einer gewaltigen Erscheinung, die bleibende Wirkung hinterlässt! Die beiden Reisingers sind in meinem Revier jedenfalls nicht wieder aufgetaucht.

Der Nacht- und Nebelbock

Schon lange hatte ich mich auf das Wiedersehen mit meinem Jagdfreund in der Holsteinischen Schweiz gefreut. Pünktlich wie immer war zur Blattzeit die Einladung auf den roten Bock erfolgt. Und wer die Holsteinische Schweiz kennt, der weiß, dass die reizvolle Landschaft und das Waidwerken in ihr ein Jägerherz höher schlagen lassen. Stille Seen, saftige Wiesen, satte Felder mit ihren Knicks, schattige Laubwälder, sie alle bieten die Lebensgrundlage für einen artenreichen Wildreichtum.

Bis in die späte Dämmerung hatte ich am vergangenen Abend auf einer verschwiegenen Leiter am Waldrand gesessen und in die Dunkelheit hineingeträumt. Eine Ricke mit ihren beiden Kitzen im angrenzenden Weizenschlag hatte mich lange beschäftigt. Ein Fuchs schnürte ins Feld, ohne dass die Rehfamilie sich beunruhigt zeigte. Die Ricke warf nur kurz auf, äugte zu Reineke hinüber, um dann ruhig weiterzuäsen. Ringeltauben, die ihren Schlafbäumen zustrebten, einfallende Enten und Graugänse vermittelten den Eindruck einer heilen Welt.

Als ich mich entschloss abzubaumen, war es bereits eine Stunde vor Mitternacht. Auf dem sandigen Weg zur Jagdhütte, auf dem das Geräusch meiner Schritte verschluckt wurde, war es noch hell genug, um ohne Schwierigkeit und Störung die Hütte zu erreichen. Eine Mütze voll Schlaf würde gut tun, bevor ich in den frühen Morgenstunden im Dunkeln meinen Platz auf der Leiter wieder einzunehmen gedachte.

Als der Wecker schrillte, war es draußen noch finster. Beim Öffnen der Hüttentür schmeckte die Luft nach Frühdunst. Es war leicht diesig und feucht, dabei absolut windstill. Von der Ansitzleiter aus war noch nicht viel zu erkennen. Leider veränderte sich die Situation nicht wesentlich mit zunehmender Helligkeit. Aus dem Frühdunst hatten sich teilweise Nebelbänke gebildet, die die Landschaft wie in Watte einhüllten.

Aber vielleicht zog der Nebel mit aufgehender Sonne hoch? Jagen heißt immer wieder hoffen, hoffen auf ein neues Jagdglück. So verging die Zeit, ohne dass die Witterungsverhältnisse besser geworden wären. Dafür verwandelte sich mein Innenleben, bemerkbar durch den knurrenden Magen, der sein Recht verlangte. Jetzt ein Schinkenbrot mit einer heißen Tasse Kaffee wäre Wohltat! Und dieses Verlangen steigerte sich. Der Entschluss, bei dem herrschenden Frühdunst abzubaumen, fiel nicht schwer. Noch war ich keine dreißig Schritt von der Leiter entfernt, als unmittelbar vor mir ein roter Wildkörper aus einem Holunderbusch im Nebelschleier über den Weg poltert. Erschrocken kann ich bei der nahen Fluchtdistanz immerhin feststellen, dass es sich um einen Bock handelt, der gut auf hat. Wie dumpfe Trommelschläge verhallen seine Fluchten auf dem Sandboden.

Nachdem sich die Überraschung gelegt hat, male ich mir den Fluchtweg des Bockes aus, der einen parallel zum Weg gelegenen Knick angenommen hat und möglicherweise über die dahinterliegende Wiese dem nahen Wald zugestrebt ist. Wenn es mir gelingt, den Pirschweg im Innern des Waldes entlang des Waldrandes zu erreichen, … vielleicht steht der Bock hinter dem Knick auf der Wiese?

Fünfzig Meter weit reicht jetzt die Sicht. Der Jagdeifer ist erwacht. Tatsächlich erreiche ich den schützenden Wald, ohne dass ein Schrecken von Rehwild zu vernehmen ist. Aber auch vorhin ist der Bock abgesprungen, ohne einen Laut von sich zu geben.

Vorsichtig pirsche ich auf dem weichen Waldboden im Abstand von etwa dreißig Metern vom Waldrand in Richtung Wiese. Hier etwa muss der Bock seine Fährte gezogen haben. Die Situation hat sich nun deutlich zu meinen Gunsten verändert. Der Wald selbst ist so gut wie nebelfrei. Mit dem Glas kann ich zwischen den Stämmen hindurch die Wiese ableuchten.

Aber die Bühne ist leer. Böcke richten sich leider nicht nach dem Wunschdenken der Jäger. Immer noch geht mein Blick durch das Glas von Stamm zu Stamm, um durch die Lücken hindurch die Wiese abzusuchen. Bizarre Gebilde, Baumwurzeln, Äste, dürres Holz springen ins Blickfeld. Wenn man viel Fantasie besitzt, könnte man manche dunklen Umrisse als Silhouette eines im Bett sitzenden Bockes ansprechen.

Und nochmals leuchte ich die Wiese von links nach rechts ab. Wieder bleibt mein Blick an dieser Baumwurzel hängen, die vorhin meine Fantasie angeregt hat. Länger als gewöhnlich betrachte ich dieses interessante Gebilde. Immerhin eine täuschende Ähnlichkeit mit dem Haupt eines Bockes! Zwei senkrechte, eng gestellte, wie Gehörnstangen ausgebildete Wurzelausläufer; die seitlichen Ansätze könnten als Lauscher gedeutet werden. Aber wer kennt nicht die Selbsttäuschung des Jägers, der in der Dämmerung einen Wacholderstrauch, einen Stein oder sonst einen toten Gegenstand als sich bewegendes Wild anspricht.

Ich bin zum ergebnislosen Rückzug entschlossen. Ein letzter Blick zu meinem Bockphantom. Täusche ich mich oder ist es wahr? Bei völliger Windstille bewegt sich ein Wurzelstück, das wie ein Lauscher aussieht. Ja, es bewegt sich!

Und dann wieder ist meine Baumwurzel stocksteif und unbeweglich. Habe ich das Glas verwackelt? An einer Buche angestrichen bediene ich die Feineinstellung des Jagdglases. Da! Jetzt bewegen sich sogar beide seitlichen Wurzelansätze, also doch Lauscher! Und nun wird das Haupt, deutlich erkennbar, voll in Richtung Wiese gedreht. Es ist mein Bock! Die Stangen, eng gestellt und spitz wie Dolche, zeigen unten eine deutliche Einschnürung.

Der Pulsschlag hat sich plötzlich erhöht. Ich gleite hinter den Buchenstamm zurück, um das Glas gegen die Büchse zu vertauschen. Vorsichtig am Stamm angestrichen, zeigt sich der Bock deutlich im Zielfernrohr. Er sitzt tatsächlich im Bett und äugt in Richtung Wiese.

Die Entscheidung fällt rasch. Schuss auf den Träger! Bei dieser Distanz kein Problem. Das leise Klicken des Stechers hält der Bock aus. Als der Schussknall im Walde verhallt, hat sich das Bild im Zielfernrohr verändert. Keine Stangen, keine Lauscher, kein Träger zeichnen sich gegen die im Hellen liegende Wiese mehr ab. Der Bock hat den Knall nicht mehr gehört.

Als ich an ihn herantrete, um ihn zu versorgen, bin ich etwas traurig und etwas stolz zugleich.

Traurig, weil der Mensch durch Eingriffe in die Natur die Lebensgrundlagen der frei lebenden Tierwelt so weit zerstört hat, dass ihm behördlicherseits Auflagen für den Abschuss von Wild erteilt werden müssen.

Etwas stolz wegen des Gefühls, noch ein gutes Stück Jagdinstinkt zu besitzen.

Vor mir liegt ein achtjähriger starker Bock. Seine glatten Stangen hat er beim Rivalenkampf sicher oft genug als Waffe eingesetzt. Mein Jagdfreund, der mir an der Hütte ein neidloses Waidmannsheil wünscht, kennt diesen Bock in seinem Revier nicht. Seine Erklärung, als er mir den Bruch überreicht: „Es ist Blattzeit! Da tauchen die heimlichsten Böcke auf! Es könnte der Mörderbock sein, der schon manchen Artgenossen geforkelt hat."

Der späte Ansitz am Vorabend bis in die Nacht, der Frühansitz bei Nacht und Nebel fanden somit durch die Erlegung des Nacht- und Nebelbockes doch noch ihren krönenden Abschluss.

Such' verwundt, mein Hund!

Zur Abendstund'
im Eichengrund
schoss ich den Rehbock waidewund.
Nun hilf, mein Hund,
zur Morgenstund'
und such' verwundt!

Im Anschusskreis
ein Tröpfchen Schweiß!
Der Jäger dies zu deuten weiß.
Die Hundenase sucht mit Fleiß
auf Waidwundfährte. Sie ist heiß!
Der Bock – er liegt. Ein stolzer Preis!

Der angepinkelte Keiler

Eigentlich war Blattzeit. Was heißt eigentlich ... es war Blattzeit? Noch stand das Getreide auf dem Halm; die prallen Ähren neigten sich, stellenweise gab es Lagerflächen in den goldgelben Kornfeldern. Da sitzt auch der bejahrte Jäger während der warmen Augusttage und -nächte gern auf sonst windigen „Leitern, ohne sein „Zipperlein" wie Rheuma und Ischias zu spüren.

Bis in die Dämmerung hinein hatte ich auf der Honigwiese angesessen. Ein junges Böcklein war mit untergehender Sonne sichernd unter meiner Leiter durchgezogen. Nachdem es meine Leiter ausgiebig bis zur dritten Sprosse bewindet hatte, war es mit einer „Missfallenskundgebung", einem leichten „Bö!", in Richtung Grenze gezogen. Dann herrschte Frieden im Revier. Die Drosseln stimmten in der aufkommenden Dämmerung ihr letztes Lied vor dem Schlafengehen an. Und der Bussard ließ sein letztes „Hiäääh" erklingen, um dann auf seinem Schlafbaum aufzublocken.

Jäh wurde die Abendstille zerrissen durch das durchdringende Fiepen einer hochflüchtigen Ricke, die von einem starken Bock aus der Dickung des Nachbarn auf die Wiese getrieben wurde. Noch war es hell genug, um im Glas das Treiben zu verfolgen, das sich hinter dem Grenzzaun abspielte. Ich war darauf gefasst, dass es gleich knallen würde, denn der Jeep des Nachbarn war am späten Nachmittag in Richtung seiner mir gegenüberliegenden Kanzel gefahren, die jetzt von Ricke und Bock umkreist wurden. Aber es blieb still: Offenbar war mein Nachbar schon abgebaumt. Dafür hat das Wild im wahrsten Sinn des Wortes eine gute Nase.

Die beiden Stücke waren in die Dickung zurückgesprungen. Die Liebe im Verborgenen macht auch dem Rehwild Freude. Nochmals glitt mein Blick durch das Glas über die Wiese, getrennt durch den Zaun in Hüben und Drüben, als erneut zwei Stücke Rehwild auf die Wiese sprangen, wiederum hochflüchtig. Das vordere Stück klagte und fiepte jämmerlich, hinter ihm her wie der Teufel der starke Bock.

Mir war schnell klar, was sich dort abspielte. Mein Böckchen war dem starken Rivalen aus dem Nachbarrevier ins Gehege gekommen. Und der jagte ihn nun gnadenlos aus seinem Herrschaftsbereich. Probeweise hatte ich die Büchse in Anschlag gebracht, um das Schusslicht zu prüfen. In der Dämmerung verschwammen im Zielfernrohr Bock und Busch. Somit für heute *Jagd vorbei!*

Der Weg durch den Wald zurück zum Wagen lag schon im Dunkeln. Ein Käuzchen rief, als ich den Ausgang des Waldes erreichte und sich die Feldflur mit den reifen Getreidefeldern öffnete. Am Wagen wollte ich mich mit Schwiegersohn Heino treffen, der auf der anderen Revierseite angesessen hatte.

Es hatte sich erheblich abgekühlt, sodass der lange Ansitzmantel als Wohltat empfunden wurde. Dennoch gehörte dazu als weitere Wohltat nach stundenlangem Ansitz eine PP – sprich Pinkelpause. Mit Verlaub: Ein solches Bedürfnis verspüren ja nicht nur Jäger! Als ich den Mantel beiseiteschlage, um den Dingen freien Lauf zu lassen, empfinde ich das dazugehörige Geräusch des angenässten reifen Weizens wirklich als Wohltat. Unwillkürlich kommt mir die Melodie in den Sinn: Leise rauscht es am Missouri ...

Die Vorstellungskraft des Menschen kann bekanntlich zu Halluzinationen führen. Das beste Beispiel war eben jetzt gegeben, als sich das Rauschen im Weizenfeld leise fortsetzte. Fantastisch! Aber was ist das?

Das Rauschen hält an und verstärkt sich, obwohl ich mein Wässerchen längst abgeschlagen habe. So stehe ich bewegungslos vor dem Weizenschlag, um mit geschulterter Büchse meine Kleider in die richtige Ordnung zu bringen. Aus dem Rauschen wird ein Rascheln. Wackelnde und knickende Halme verraten die Annäherung eines unbekannten Etwas'.

Und dann zerteilt das Haupt einer starken Sau die reifen Ähren, um mit einem „Wuff" zu flüchten und schließlich geräuschlos aus meinem Dunstkreis zu verschwinden.

Noch stehe ich wie zur Salzsäure erstarrt an meinem Platz. Dann löst sich die Anspannung, und das Jagdfieber erwacht. Mit durchgeladener Waffe schleiche ich am Feldrand entlang. Als ich die untere am Weg gelegene Ecke erreiche, scheint mein Bemühen von Erfolg gekrönt zu werden.

Da ist die Sau! Der Blick um die Ecke zeigt mir einen dunklen Klumpen, der sich auf mich zubewegt. Aber ich will sicher sein. Im Nachtglas müssten die Umrisse einer Sau noch zu erkennen sein. Da ist der Schatten! Aber er hat keine Ähnlichkeit mit einem Wildkörper. Als jetzt ein Streichholz aufflammt, ist alles klar; da kommt jemand auf mich zu. An Schwiegersohn Heino und an unseren ausgemachten Treffpunkt hatte ich nicht mehr gedacht. So wie damals bei Heino stoße ich im Freundeskreis auch heute noch auf Zweifel, wenn ich die Story vom angepinkelten Keiler erzähle. Für mich bleibt sie eines der unauslöschlichen und amüsantesten Jagderlebnisse, die ich meinen Enkeln – vielleicht noch Urenkeln? – zu berichten habe.

Romeo und Julia –
jagdlich uraufgeführt

Wer kennt sie nicht, die berühmte Balkonszene aus „Romeo und Julia"? In vielen Theatern der Welt ist dieses Stück über die Bühne gegangen. Dass ich einmal den Romeo spielen würde, hätte ich nie geglaubt. Dazu mit einer Julia, die im 75. Lebensjahr stand. Und das kam so.

Wir schrieben den 16. September, ein Datum im Kalender, an dem fast für alle Wildarten Jagdzeit besteht und der Jäger bei spätsommerlicher Witterung gern im Revier umherstreift.

Heute wollte ich die Freuden der Jagd in vollen Zügen genießen. Es herrschte eine angenehme Temperatur, als ich bei sinkender Abendsonne das Haus verließ, begleitet von einem „Waidmannsheil" von Frau und Tochter. Selbst Schwiegermutter Thereschen konnte es sich nicht verkneifen, mir einen guten Anblick zu wünschen. Nur mein Rauhaarteckel Ricco schaute mich mit missbilligendem Dackelblick an, als ich ihm klar machte, dass er heute besser zu Hause bleiben würde, da ich mich für einen Nachtansitz gerüstet hatte.

Mein Fehler war, dass ich beim Verlassen der Haustür einen Blick zurückwarf und den unsäglich traurigen Blick von Ricco erwischte. Nach stummer Verständigung genügte ein Kopfnicken, und Ricco war raketengleich eher am Wagen als ich. Beim Öffnen der Wagentür war er mit einem Satz auf dem Rücksitz, um es sich auf seinem Stammplatz bequem zu machen. Sollte er meinetwegen; bis Mitternacht würde er dort aushalten müssen. So lange gedachte ich in dieser Spätsommernacht anzusitzen.

Bei herrschendem Vollmond war die Jagd auf Sauen angesagt. Mein Weg führte mich zum „Wachturm", einer Kanzel an der

Längsseite eines etwa drei Hektar großen Maisfeldes. Hier wechselten erfahrungsgemäß die Sauen vom Wald in den Mais – dort wollte ich heute Abend mein Glück versuchen.

Als ich die Klappen der Kanzel öffnete, war die Sonne bereits hinter dem Horizont verschwunden. Abendrot tauchte den Mais in geheimnisvolles Licht. Es war windstill.

Der Mond kam früh über die Baumwipfel, um die Dämmerung abzulösen. Ein prüfender Blick durch das Nachtglas bestätigte: Ausreichendes Licht für meine Beobachtungen. Jetzt hatte ich Zeit zum Abwarten, zum Nachdenken.

Mit geschlossenen Augen in der Stille lauschend vergeht die Zeit. Ein leises Wispern ist hin und wieder vom Mais her zu vernehmen, wenn ein Windhauch das Blattwerk streichelt.

Nach etwa einer Stunde zucke ich in meiner Kanzel zusammen. Ganz schwach ist links von mir im Mais ein unregelmäßiges Knacken zu vernehmen. Angestrengt lausche ich in die Nacht! Mit dem Glas leuchte ich den Rand des Maisfeldes ab; zu sehen ist nichts. Aber da ist das Knacken. Es kommt näher, wird deutlich hörbar. Das müssen Sauen sein!

Ein unterdrücktes Quieken bestätigt meine Vermutung. Hellwach bringe ich die Büchse auf dem Fensterbrett der Kanzel in Position. Das Knacken hat sich an einer Stelle, schätzungsweise fünfzig Meter vor der Kanzel, festgemacht. Man kennt das und ist zur Untätigkeit verdammt. Jedes Knacken bedeutet einen umgeknickten Maisstängel. Jeder umgebrochene Quadratmeter Mais bedeutet Wildschaden, kostet Geld, ärgerliches Geld.

Länger als eine Stunde dauert bereits der nächtliche Spuk vor mir im Maisfeld, ohne dass ich eine Chance habe, gezielt zu Schuss zu kommen. Und dann – als ich mich aus der Schießluke lehne, um besser hören zu können, poltert die Holzklappe gegen die Kanzelwand. Erschrocken lasse ich mich auf die Sitzbank zurückgleiten und lausche in die Dunkelheit. Vor mir ist es still geworden. Der harte Schlag der zurückschlagenden Klappe hat seine Wirkung getan. Wie ich die Sauen kenne, schleichen sie sich wie die Katzen davon. Eine Dreiviertelstunde lang prüfe ich trotzdem noch jedes kleinste Geräusch. Das Einzige, was zu vernehmen ist, ist das schon vertraute Wispern der vom Wind bewegten Maisstauden.

Ich denke an meinen Hund, der im Wagen auf mich wartet, ich denke an mein warmes Bett, das ich jetzt um Mitternacht einem vergeblichen Ansitz auf Sauen vorziehe. Also baume ich ab und trete leicht verdrossen die Heimfahrt an. Ricco, mein Rauhaarteckel, hat sich auf den Beifahrersitz geschoben und begrüßt mich stürmisch, als ob er mich trösten wolle.

Schon bald rollt der Wagen vor der Haustür aus. Als ich die Wagentür öffne, ist Ricco mit einem Satz in Richtung seiner Hütte verschwunden. Ich krame in meinen Taschen, um auch möglichst bald ins Warme zu kommen. Erstaunlich, wie viele Taschen doch in einer Jagdmontur stecken.

Nanu! Alle Taschen sind durchgewühlt. Der Schlüssel kann nur noch in der Gesäßtasche stecken. Ich suche und fühle: nichts! Aber der Schlüssel muss doch da sein; also nochmals alle Taschen gründlich durchsucht. Der Erfolg ist niederschmetternd.

Außer den üblichen Utensilien findet sich kein Schlüssel. Sollte er aus der Tasche gefallen sein und im Wagen liegen? Aber auch hier Fehlanzeige. Nun ja, dann muss eben die Nachtruhe in meinem Dreimädelhaus – Frau, Tochter und Schwiegermutter – gestört werden.

Als ich den Klingelknopf drücke, erklingt melodisch der Türgong hinter der Haustür. Gleich wird wohl das Licht im Hause angehen. Ich bin gespannt, wer mir die Tür öffnet, und bereite mich auf eine Entschuldigung vor.

Jetzt muss sich aber langsam etwas rühren; aber es bleibt verdächtig still. Also noch einmal die Klingel betätigt. Einmal, zweimal und noch einmal. Ohne Erfolg! Das kann ja heiter werden. Versuchen wir es doch mit ein paar derben Schlägen gegen die Haustür. Nichts rührt sich, bis auf Ricco, der in seiner Hütte Laut gibt. Mit dieser Methode werde ich allenfalls die Nachbarn wecken. Alle möglichen Überlegungen gehen durch meinen Kopf, bevor ich den letzten Versuch mit der Klingel starte.

Zugegeben, der sanfte Dreiklang des Türgongs ist auch nicht gerade das Wahre, um meine drei Frauen aus dem Tiefschlaf zu holen. Angespannt lausche ich an der Tür. Nach drei Minuten vergeblichen Wartens umkreise ich das Haus, um wie ein Einbrecher nach Einstiegsmöglichkeiten zu suchen. Vielleicht steht ein Kellerfenster offen, oder die Abdeckung der Koksrutsche ist nicht verriegelt. Ich bin zu allem bereit, um in das Haus zu kommen und meine Nachtruhe zu finden.

Da fällt mir die Holzleiter in der Garage ein, die uns beim Obstpflücken schon manche Dienste geleistet hat. Lang genug wird sie sein, um den Balkon vor Schwiegermutters Schlafzimmer im ersten Obergeschoß zu erreichen. Die Leiter ist schnell aus der Garage geholt und am Brüstungsgeländer des Balkons angelegt. Die Straßenbeleuchtung auf der gegenüberliegenden Seite erhellt fast gespenstisch die Szene.

Also versuche ich noch einmal die Methode des Fensterlns. Sprosse um Sprosse klimme ich in die Höhe, als ich auf der Straße näherkommendes Kichern vernehme. Das fehlt gerade noch, dass man mich auf meiner Leiter entdeckt. Hastig klettere ich über das Balkongeländer und stelle mich stocksteif vor die Balkontür an Schwiegermutters Schlafzimmer. Bange Sekunden vergehen. Ein Liebespärchen kommt eng umschlungen unter mir am Hang des Vorgartens vorbei. Gott sei Dank, das Kichern galt also nicht mir.

Doch zu früh gefreut. Mit einem unterdrückten spitzen Schrei löst sich das weibliche Wesen von ihrem männlichen Begleiter und weist mit dem Finger und dem hastigen Hinweis „Da oben!" auf mich. Mir bricht der Schweiß aus. Jetzt fehlt nur noch der Ruf „Einbrecher! Polizei!"

Dringender Handlungsbedarf ist angezeigt. „Ich habe meinen Schlüssel vergessen und will in mein Haus", erläutere ich blitzschnell die Situation. Damit mir geglaubt wird, donnere ich gegen die geschlossenen Blendläden vor Schwiegermutters Balkontür und melde mich mit dem Ruf: „Hallo Oma, aufmachen!"

Das wirkt in doppelter Hinsicht. Das Pärchen steht staunend, aber stumm als Zuschauer auf der Straße, als Schwiegermutter die

Zimmertür öffnet und hinter den geschlossenen Blendläden ungläubig und ängstlich fragt: „Heinz, was ist? Bist du das da draußen?" Das Pärchen steht noch immer stumm beobachtend am Gartenzaun, als sich die Klappläden öffnen und Schwiegermutter im wallenden weißen Nachthemd durch die Tür lugt. Meine kurze Erklärung: „Ich habe meine Schlüssel vergessen" wirkt wie der Märchenspruch Sesam, öffne dich! Und dann bringt mich Schwiegermutters Ausspruch: „Komm' rasch rein! Was sollen die Leute von mir denken?" doch zum Schmunzeln. Thereschen fand es mit 75 immerhin noch unmoralisch, nächtlichen Männerbesuch über die Leiter auf ihrem Balkon zu empfangen; und sei es selbst der Schwiegersohn, der als jagdlicher Spätheimkehrer um Einlass in sein Haus bittet.

Jedenfalls Ende gut – alles gut! Unser Zuschauerpärchen auf der Straße hatte keinen Alarm geschlagen, die Nachbarn hatten von den nächtlichen Eskapaden keinen Wind bekommen und somit keinen Anlass zur Schadenfreude, obwohl ich ihnen später die Geschichte beim gutnachbarlichen Umtrunk erzählt habe. Und nach einer guten halben Stunde hatten sich auch meine inzwischen hellwache Frau und auch meine „Julia" – sprich Schwiegermutter Thereschen beruhigt; die Tochter war erst gar nicht wach geworden.

Als ich mir die Bettdecke über die Nase zog, dachte ich noch einmal an die Balkonszene von „Romeo und Julia". Eine Fortsetzung im Traum gab es für mich dennoch nicht. Dafür fand ich am nächsten Morgen meinen Haustürschlüssel wieder. Er haftete am Magnetboden meiner Taschenlampe, die mir beim Heimleuchten geholfen hatte.

Nachtwind

Wenn die lauten Töne des Tages verklingen,
wenn die Dämmerung dämpft des Tages Licht,
dann wachsen Deiner Seele Schwingen,
die Dich ins Reich der Träume bringen.
Die kleinen Dinge erhalten Gewicht.

Dann schließe die Augen, um sinnend zu lauschen
wie Frieden einzieht in Herz und Gemüt.
Die Bilder des Tages, Du kannst sie vertauschen
mit den Stimmen der Nacht, mit dem leisen Rauschen
des Nachtwindes, der die Blätter kühlt.

Im Dunklen hör' ich ein Wispern und Raunen.
Es quillt und schwillt im nächtlichen Wind.
Der Märchentanz der Elfen und Faune,
der suchenden Fee, nach verborg'ner Alraune,
in dieser heimlichen Stunde beginnt.

Und staunend erkennst Du das nächtliche Leben,
dem Mensch und Tier unterworfen sind.
Im Nachtwind Gedanken zu Bildern weben,
im Nachtwind auf silbernen Wolken schweben,
wenn die Norne den Faden des Schicksals spinnt.

Die Ostergans

Als Osterüberraschung hatten die Sauen in der Nacht vorher die Wiese an der Grenze zum Gutshof umgepflügt. In mühsamer Tagesarbeit waren die gröbsten Schäden beseitigt worden. Der Stiel der Hacke hatte in den Händen Spuren hinterlassen, nämlich kräftige Blasen. Der Verdacht, dass die Rotte in der kommenden Nacht ihr Unwesen fortsetzen würde, brachte mich auf den Gedanken, durch Nachtansitz die gefährdete Wiese zu sichern.

Als ich nach dem Abendbrot meinen gut gedeckten Platz in der Hütte am Rande der Wiese bezog, die zentral gelegen und mit Stroh gefüllt einen erträglichen Nachtansitz versprach, flammte auf der links von mir liegenden Höhenkuppe das Osterfeuer auf. Es war Karsamstag. Ich konnte mir denken, dass es der dort in Aktion befindlichen Dorfjugend wärmer war als mir; also vergrub ich mich zwischen den Strohballen und ließ das Schauspiel der in der Ferne lodernden Flammen auf mich wirken.

Der Feuerschein reichte bei Weitem nicht aus, um mein Umfeld zu beleuchten. Dennoch ging der Blick durch das Glas in die Dunkelheit und über die Wiese zurück zum Osterfeuer. Nichts rührte sich, nichts bewegte sich. Jede Stunde war schwach der Stundenschlag der Kirchturmsuhr vom Dorf her zu vernehmen.

Die Müdigkeit hatte mich übermannt. Als mein Kopf zur Seite fiel, schreckte ich auf. Gegen einen Strohballen gelehnt, hatte ich annähernd zwei Stunden tief geschlafen.

Ein Blick nach draußen belehrte mich, dass die Nacht dem Tage wich. Das also war der Beginn des Ostersonntags, an dem ich meine Ostergans zur Strecke bringen sollte. Aber noch galt alle Aufmerksamkeit der Wiese und den zu erwartenden Sauen.

Die Distanz für das Ansprechen in der Morgendämmerung nahm langsam zu. Die ersten Zaunpfähle wurden umrisshaft erkennbar.

Hinter dem Zaun in Richtung Gutshof war auf dem leicht ansteigenden Acker der erste Holzmast der elektrischen Freileitung zu erkennen. Ein schwach weißer Punkt daneben, vermutlich ein leerer Plastik-Düngemittelsack, hält meinen Blick länger fest.

Vielleicht ist es die weiße Katze vom Gutshof, die ihren Osterspaziergang im Revier unternimmt? Also scharf hinschauen. Aber der Abstand zum Freileitungsmast verändert sich nicht. Dafür taucht auf der ansteigenden Ackerfläche ein noch weiter entfernter heller Punkt auf. Also doch liegen gebliebene Düngemittelsäcke.

Kein Zweifel! Bald zähle ich auf dem Acker verstreut insgesamt fünf weiße Plastiksäcke – bis sich einer plötzlich bewegt und wie an der Schnur gezogen dem Waldrand zu meiner Rechten zustrebt. So kann man sich täuschen. Katzen haben viel Geduld, bevor sie ihren Ansitz aufgeben.

Noch ist es zu dunkel für einen sicheren Schuss über rund hundert Meter. Also lasse ich die Katze unbehelligt ziehen. Schließlich sind eventuell anwechselnde Sauen wichtiger. Aber nichts ist beim Ableuchten des Geländes mit dem Glas zu bemerken.

Dann stockt mein Atem. Und jetzt! Der zweite weiße Plastiksack setzt sich gerade in Bewegung, um genauso zielstrebig wie der erste auf der gleichen Route dem Walde zuzustreben. Knapp vier Minuten liegen zwischen den beiden Ereignissen, die ich nun nicht mehr deuten kann. Noch sind die am entferntesten liegenden weißen Punkte auf dem Acker vorhanden. Vergessen sind die Sauen. Der Blick durch das Glas wandert über den sich allmählich aufhellenden Acker in der Morgendämmerung von einem weißen Punkt zum anderen.

Ja, kann es denn wahr sein? Knappe vier Minuten sind verstrichen, und Punkt drei zieht, wie am Schnürchen, über den Acker. Nochmals das Glas korrigiert. Der weiße Punkt wandert zusammen mit einem dunklen Schatten über die Ackerkrume. Mehr ahne ich noch, als dass ich es wüsste: Der Schatten ist ein Fuchs.

Gerade verschwindet er im Walde. Jetzt heißt es die Zeit nutzen. In knapp vier Minuten wird Reineke zurück sein, wenn meine Vermutung stimmt. Schnell raus aus der Hütte, die Distanz zum Fuchspass verkürzen. Immerhin schaffe ich es im Schweinsgalopp, um hinter den Grasbüscheln am Zaun in Deckung zu gehen. Noch atme ich nicht wieder ruhig, als nunmehr Punkt vier in zweihundert Metern Entfernung auf mich zu abgeschleppt wird.

Jetzt gilt es! Im Zielfernrohr ist der wandernde weiße Punkt unverkennbar. Im spitzen Winkel zieht der jetzt auszumachende Fuchs auf den Waldrand zu. Die ersten Büsche bieten ihm für kurze Zeit Deckung. Jetzt habe ich ihn wieder deutlich im Glas.

Die Waffe wandert mit. Der scharfe Knall der 7 x 64 zerreißt die Stille des Ostersonntags. Verschwunden Fuchs und weißer Punkt, der nur noch als weißer Strich im Fernglas zu erahnen ist.

Auf dem Gutshof schlagen die Hunde an. Voller Spannung erhebe ich mich und gehe auf mein Ziel zu, überzeugt, getroffen zu haben. Dann stehe ich vor meiner Beute! Eine Gans! – Weit und breit kein Fuchs, klarer Ein- und Ausschuss aber bei der Gans. Offenbar habe ich die Gans dem Fuchs aus dem Fang geschossen.

Wenn mein Fuchs nur so erschrocken wie ich überrascht war, dann hat er diesen österlichen Raubzug, bei dem fünf Gänse des Gutshofes ihr Leben lassen mussten, um Stück für Stück abgeschleppt zu werden und im nahen Fuchsbau zu verschwinden, wohlbehalten überstanden. Bei Reineke Voss gab es jedenfalls am ersten Ostertag Gänsebraten.

Aufgewühlt von meinem Erlebnis trat ich, die Gans als corpus delicti im Kofferraum, die Heimfahrt an. Die Ostersonne schickte ihre ersten Strahlen über die Bergkuppen, als ich an der Schlafzimmertür meiner Frau stand und ihr ein fröhliches Osterfest wünschte. Die Waffe in der einen Hand, die Gans in der anderen, so muss ich einen grandiosen Anblick geboten haben; die Reaktion meiner Frau war jedenfalls danach. Nur eines habe ich an diesem Ostermorgen nicht sofort begriffen, nämlich die Frage meiner Frau: Kann man denn die Gans noch essen? Es war trotzdem ein schöner Ostertag!

Unerwarteter nächtlicher Besuch

Am Spätnachmittag hatte ich mich auf meinem Ansitzstuhl in der Weißdornhecke an der Bienenwiese zum Ansitz eingerichtet. Einem Knopfbock, der hier seine Fährte zog, galt mein Interesse. Es war ein schöner Juniabend, als die Sonne hinter den Bergkuppen verschwand, um einer besinnlichen Abendstimmung Platz zu machen. Es dämmerte schon, als eine Kette Rebhühner vor mir durch die mit Wildkräutern bestandene Wiese bergauf in Richtung Wald trippelte. Ihr unterdrücktes „Kirreck, kirreck" hatte sie mir verraten.

Während ich noch darüber nachdachte, wo sie wohl ihre Schlafplätze beziehen würden, vernahm ich dicht neben mir in der Hecke ein Geräusch, das mich aufhorchen ließ. Eine ganze Weile hatten um mich herum die Grillen und Heuschrecken gezirpt. Dieses Geräusch müsste von einer Riesengrille stammen, wenn es so etwas geben würde. Genau orten konnte ich das Geräusch nicht. Es war links neben mir, vielleicht zehn Meter entfernt. Noch war es hell genug, um alle Einzelheiten in der Umgebung wahrzunehmen, aber entdecken konnte ich die Geräuschquelle nicht. Ununterbrochen war ein Ritsch, Ritsch, Ritsch, Ritsch, Ritsch zu hören, sodass sich mir der Vergleich mit dem Geräusch eines Reiserbesens beim Kehren aufdrängte. Ja, so klang dieses Ritsch, Ritsch, Ritsch, Ritsch, Ritsch.

Man kann irrsinnig werden, wenn man in nächster Nähe ein derbes, sich gleichmäßig fortsetzendes Geräusch vernimmt, ohne die Ursache ergründen zu können.

Jetzt war Stille. Aber es war nur eine kurze Pause, um dann das Intervall-Geräusch in gleicher Stärke und gleicher Nähe wie vorher als Fortsetzung zu hören.

Meinen Platz verlassen und in der Hecke herumstöbern wollte ich nicht. Damit wäre der Zweck meines Abendansitzes, den ausgemachten Knopfbock zu bejagen, hinfällig und der Erfolg gefährdet gewesen.

So blieb mir nur übrig, den Boden an der verwünschten Stelle Zentimeter um Zentimeter mit den Augen abzusuchen; das trockene Laub unter den Büschen musste den Verursacher verbergen.

Das Zittern eines Ahornblattes, braun und trocken, weckte schließlich meine Aufmerksamkeit. Tatsächlich, es bewegte sich im Rhythmus des kratzenden Geräusches. Gebannt schaute ich auf diesen Punkt. Endlich verstummte das Geräusch; gleichzeitig hörte das Vibrieren des Ahornblattes auf.

Ja, und dann schob sich aus dem Laub eine spitze Nase; graubraune Stacheln verrieten den Kobold neben mir.

Es ist ein Igel, der sich zum Abendspaziergang rüstet und der vorher seine Abendtoilette erledigt hat. Wie viele Flöhe mag er sich wohl aus seinem Stachelkleid gebürstet haben, wobei er mich zum Schwitzen brachte.

Als er davontrollte, blieb ich schmunzelnd und kopfschüttelnd auf meinem Ansitzstuhl in der Hecke zurück, an diesem Abend vergeblich auf meinen Knopfbock wartend. Ein Hermelin sprang lediglich aufgeregt in dem Buschwerk über mir hin und her. Schließlich gab ich meinen Platz wegen der einbrechenden Dunkelheit auf, um mein Glück mit einem Nachtansitz auf Sauen an einem großen Weizenfeld zu versuchen. Die offene Leiter steht günstig, direkt neben dem Weizenschlag auf einem Wiesenrain in einer einzelnen Erle. Die am Dorfende auslaufende Straßenbeleuchtung spendet dort schwaches Licht. Also werde ich mich bis gegen Mitternacht auf der Leiter einrichten.

Die Waffe liegt gesichert und geladen quer vor mir auf den Armlehnen. Ein Stück Rehwild zieht unter meiner Leiter her; zum Ansprechen reicht das Licht nicht. In der Ferne höre ich hin und wieder Fahrzeuggeräusche. Die Lichtbündel der Scheinwerfer streifen in den Kurven über die Wiesen, wobei man einzelne Hasen im Nachtglas erkennen kann.

Gerade verfolge ich mit dem Glas wiederum eine solche „Leuchtspur", als ein derber Schlag meine Leiter erzittern lässt. Ohne das Glas abzusetzen, verharre ich in meiner Stellung. Meine Gedanken sind sofort auf eine Sau, die den Leiterfuß gerammt hat, programmiert. Wie heißt doch der schöne Spruch: „Was stört es eine deutsche Eiche, wenn eine Sau sich daran reibt!" Bei einer Leiter stört das schon.

Das Glas nur einen Zentimeter zur Seite geschoben, geht mein Blick zum Fuß der Leiter. Nichts ist zu bemerken. Um nichts zu verderben; jetzt keine Bewegung und kein Geräusch.

Und dann schließe ich die Augen, immer noch das Nachtglas in den Händen, um innerlich still über einen unerwarteten nächtlichen Besucher zu schmunzeln. Auf dem Seitenholm der Armlehne sitzt unmittelbar vor meiner quer liegenden Büchse ein Käuzchen. Was sage ich: Ein strammer Kauz! Dick und rund sitzt er zum Greifen nahe vor mir; Auge in Auge. Wie lange wird das Spiel noch dauern?

Als meine Hände das in Augenhöhe gehaltene Nachtglas nicht mehr halten können und zu zittern anfangen, streicht mein Besuch mit einem ebenso derben Ruck, der wieder durch die Leiter geht, ab. Am Waldesrand höre ich ihn rufen, den kleinen Nachtjäger, der sicher satt werden wird in dieser lauschigen Juninacht, denn Mäuse gibt es in diesem Jahr genug.

So beende ich diesen Ansitz, der, gespickt mit überraschenden Besuchen, nicht das große Jagderlebnis bescherte. Aber sind es nicht gerade diese Randerlebnisse, die den Jäger glücklich machen? Ich meine schon!

Ein Waidmann jagt nicht nur der Beute willen!
Naturerlebnis soll ihn erfüllen.

Früh-Ansitz im Labyrinth

Nicht von ungefähr hatten wir diesen Teil des Reviers „Labyrinth" getauft. Ein verfilzter Bauernwald, der seit fünfzehn Jahren nicht durchforstet worden war, trug zu Recht diesen Namen. Mit Säge, Axt und Machete hatten wir uns einen gewundenen Pfad über morastige Stellen, umgestürzte Baumstämme und abgebrochene Äste hinweg freigeschlagen, um im Inneren eine Waldblöße erreichen zu können, die außer uns Jägern kaum ein Mensch betrat. Das Gebiet gehörte zum fünf Kilometer entfernt liegenden Gutshof. Nach dem Tod des Besitzers hatte man sich auf Viehzucht umgestellt und den Wald nicht bewirtschaftet.

Kein Wunder, dass dieses Gebiet bevorzugt vom Rotwild als Einstandsgebiet aufgesucht wurde.

Ein ungerader Vierzehnender hatte sich eingestellt. Auf der einzigen Ansitzleiter im Labyrinth, mit einer Höhe von zehn Metern als Rotwildleiter errichtet, hatte ich die weißen Enden seines mächtigen Geweihs hinter den Büschen in der Abendsonne blitzen sehen. Staunend hatte ich Gelegenheit, die starken Stangen lange genug zu betrachten, um zu wissen, mit wem ich es zu tun hatte. Bisher hatte der Hirsch mir nicht den Gefallen getan, beim Abendansitz frei auf die Blöße zu ziehen. Um aus dem Labyrinth den Rückweg zu finden, war es notwendig, vor Einbruch der Dämmerung den Rückzug anzutreten. Scheinbar war der Hirsch darauf schon programmiert. Am Morgen hatte ich mich, wie magisch angezogen, wieder in das Labyrinth geschlichen. Vergeblich. Am Ausgang des Pirschpfades blinkten in der Morgensonne die hellen Bruchstellen von geknickten Birkenstämmchen und Zweigen als Himmelszeichen. An einem großen Bau der schwarzen Waldameise hatte der Hirsch Wimpel geschlagen. Das war für mich ein ungeheurer Reiz, dem Hirsch mit allen Möglichkeiten nachzustellen.

Heute Abend wollte ich ihm noch einmal Ruhe gönnen. Dafür beschloss ich, erstmals einen Frühansitz im Labyrinth zu wagen.

Eine Stunde vor Sonnenaufgang müsste ich mindestens auf der Rotwildleiter sein. Für den Weg dorthin – wenn ich ihn überhaupt im Dunklen fand, – würde ich viel Zeit benötigen. Die Markierung mit Alu-Folie, die ich schon Tage vorher an einzelnen Stämmen an markanten Punkten des Pfades angebracht hatte, müsste eine Orientierung im Dunklen möglich machen.

So fieberte ich dem Morgen des nächsten Tages entgegen, um mein Glück zu versuchen. Behutsam schlich ich mich aus dem Gasthaus, um niemanden aufzuwecken. Eine Viertelstunde später stieg ich im finsteren Wald aus dem Wagen, um nur mit Büchse und Jagdmesser ausgerüstet den Weg ins Labyrinth anzutreten. Das Fernglas blieb zurück; für die kleine Blöße brauchte ich es nicht.

Den Jagdhut tief in die Stirn gezogen, den Anorak dichtgemacht, den Büchsenlauf nach unten gerichtet, so taste ich mich durch das Dickicht. Der Weg führt ein Stück durch ein Feuchtgebiet. Als ich über einen morschen Stamm stolpere, gilt meine ganze Aufmerksamkeit der Büchse, sodass ich erst viel später bemerke, dass sich mein rechtes Hosenbein in dem brakigen Morast voll Wasser gesogen hat. Zweige peitschen mein Gesicht; aber es geht vorwärts. Die Alu-Folie hilft mir, den Weg zu finden.

Fast eine Viertelstunde brauche ich, um eine Wegstrecke von knapp hundert Metern zurückzulegen. Noch ist auf der Blöße kein Anzeichen der Dämmerung zu erkennen. Noch im Dunklen richte ich mich auf der Rotwildleiter ein.

Es ist still im Wald; ein laues Lüftchen weht. Ich sitze und lausche. Noch vor dem ersten Dämmerlicht knackt es am Dickungsrand hinter mir. Es ist so, als ob ein trockener Ast unter Last bricht.

Ist das mein Hirsch? Zu erkennen ist nichts; nach rückwärts habe ich durch das Blattwerk keine Sicht auf den Waldboden.

Es ist dazu noch zu dunkel. Die Lichtung stellt sich als grauschwarze Fläche dar, ohne dass Einzelheiten zu erkennen sind. Wenn das mein Vierzehnender ist, dann kommt er zu früh!

Angespannt lausche ich in die Dunkelheit hinein und sehne die Dämmerung herbei. Zunächst schwach, dann ganz deutlich höre ich das dumpfe Geräusch eines schweren Trittes. Ein unwilliges Schnauben, ähnlich dem eines Pferdes, ist direkt unter meiner Leiter zu vernehmen. Dann wieder dumpfe Tritte eines langsam ziehenden Stückes Wild.

Kein Zweifel! Das kann nur mein Hirsch sein. Ich fiebere vor Aufregung. Am gegenüberliegenden Rand der Blöße knackt es jetzt. Es setzt sich fort im Dickicht, langsam schwächer werdend, bevor es wieder still wird.

Mir ist klar: Der Hirsch ist unmittelbar unter mir über die Blöße gezogen. Langsam entkrampfen sich die um die Büchse gepressten Hände. Die Anspannung lässt nach und weicht einer tiefen Enttäuschung in der aufkommenden Dämmerung. Alles hatte geklappt. Der Hirsch war da. Nur zu früh! Das nennt man Jagdpech.

Bis gegen neun Uhr morgens sitze ich noch auf meiner Rotwildleiter, immer noch mit einem Fünkchen Hoffnung auf Rückkehr des Hirsches. Vergeblich! Ein Trupp Eichelhäher lärmt um mich herum und verrät meine Anwesenheit. Später erkenne ich dass sie auf einen in der Baumkrone über mir lautlos aufgeblockten Bussard hassen. Gleißend steigt die Morgensonne über die Baumwipfel. Die Arie aus den Meistersingern: Morgenlicht leuchtet mit rosigem Schein ... fällt mir dazu ein. In einer solchen Stimmung erkennt man: Schön ist diese Welt, und das auch ohne Jagen; mit Jagen ist sie eben nur noch schöner. Leider muss ich morgen nach Hause zurück, weil unaufschiebbare Termine warten.

Den ungeraden Vierzehnender habe ich erst wiedergesehen, als er bei der Trophäenschau an der Wand des Nachbarn hing. Bei einem guten Tropfen habe ich ihm mein Erlebnis mit dem Hirsch – wie sich herausstellte ein Hirsch von 11. Kopf – ausführlich erzählt. Dieses Mal verschenkte Diana ihre Gunst eben an den Nachbarn.

Urians Herausforderung

Seit Wochen war es klar, dass eine starke Sau im Revier ihre nächtlichen Ausflüge unternahm. Das starke Trittsiegel an der Suhle und an der Kirrung abgeräumte Steine von annähernd zwanzig Kilogramm Gewicht verrieten die Stärke des Stückes, das noch niemand im Revier in Anblick bekommen hatte.

Mein Jagdaufseher Hubert hatte zwar nächtlicherweise an der mit ein paar Händen voll Mais beschickten Kirrung aus einer schwachen Rotte einen stärkeren Überläufer beschossen, der im Knall lag, aber rasch wieder auf den Läufen war und mit Krellschuss nicht zur Strecke kam. Doch das konnte unmöglich das Stück sein, das an der Kirrung sein Unwesen trieb.

Also hieß es dranbleiben, jede Möglichkeit zum Nachtansitz ausnutzen. Wenigstens des beschossenen Überläufers wollten wir habhaft werden; Bachen und Keiler waren ohnehin zurzeit geschont. Für heute hatte der Wettergott eine klare Nacht vorausgesagt. Schon am Vormittag war die Kirrung mit einem halben Eimer Mais beschickt worden. Erfahrungsgemäß wirkt nicht nur bei uns der Mais auf Sauen wie Doping. Ein neuer Versuch mit neuer Hoffnung auf Jagdglück sollte gestartet werden.

Als ich bei untergehender Sonne in den Jagdwagen steige und dabei meine Ausrüstung überprüfe, wünscht mir mein Gastwirt mit viel Zweifel in der Stimme das übliche Waidmannsheil. Schon oft hat er mich morgens beim Frühstück bedauert, wenn einmal wieder ein Nachtansitz erfolglos war.

Aber was heißt schon erfolglos! Jeder Nachtansitz hat seine besonderen Reize, die nur ein Jägerherz ermessen kann. Flimmernde Sterne, silberner Mond, glitzernder Schnee, einsame Stille – sie vermitteln das Gefühl, der Natur und all ihren Geheimnissen besonders nah zu sein. Ist es das, was das Wild dazu bewegt, zu nächtlicher Zeit besondere Aktivitäten zu entwickeln und eine nächtliche Lebensweise anzunehmen? Man kann nachdenklich werden, wenn beim Abbaumen um Mitternacht die Tauben klatschend von den Schlafbäumen abstreichen, wenn Kiebitz und Rebhuhn – soweit überhaupt noch vorhanden – mit Warnrufen auf den sich nächtlich im Revier bewegenden Jäger reagieren, wenn Wildgänse durch die Nacht rauschen und Kranichzüge durch ihr unverwechselbares „Krüh, krüh" ihren Formationsflug am Nachthimmel verraten. Wird die Zeit kommen, in der selbst die Vogelwelt die lärmende Menschheit tagsüber meidet? Beim Nachtansitz kann man schon ins Grübeln darüber geraten, wie der *Homo sapiens* das Leben auf diesem Planeten verändert hat und in zunehmender Geschwindigkeit verändert.

All diese Gedanken kreisen durch meinen Kopf bei der Fahrt ins Revier. Die ersten Scheinwerfer der mir entgegenkommenden Fahrzeuge leuchten auf, als ich von der Straße abbiege und den Wagen an der Hütte abstelle.

Es ist ein angenehmer Aprilabend; nicht zu kalt, klarer Himmel, gut Dreiviertel-Mond. Die Drosseln flöten ihre Abendmelodie, als ich das Fahrzeug verlasse, um mit Waffe, Glas und Ansitzmantel meinem Ziel, der Kanzel in der Nähe der Kirrung zuzustreben. Der Waldboden ist trocken, sodass bei jedem Schritt das dürre Buchenlaub unter den Stiefeln knistert. Insofern ist das für den Ansitz keine schlechte Voraussetzung, da das Rascheln und Knistern im trockenen Laub das Anwechseln von Wild in der Dunkelheit verrät.

Als ich die Kanzel erreiche, geht ein Blick über die Kirrung mit der Steinabdeckung. Es ist seit dem Vormittag noch alles unverändert. Die offengestellte Tür der Kanzel erleichtert mir den Einstieg ohne unnötige Geräusche. Geladen und gesichert wird die Büchse neben die Bank gestellt. Die Gewehrauflage auf dem Fensterbrett wird auf ein geräuschloses In-Anschlag-Gehen überprüft. Gut verpackt lasse ich mich an die Kanzelwand zurückgleiten und genieße die Abendstimmung. Ein Eichelhäher, der an der Kirrung ein paar Maiskörner ergattert hat, fliegt ratschend von der Kirrung auf. Dann wird es still. Der Mond steht schon hoch am Himmel; doch bringt er als zunehmender Halbmond wenig Licht. Aber es reicht gerade, um die auf der Kirrung liegenden Steine erkennen zu können. Die vom Mond beschienene Fläche der Schneise wird von den schwarzen Schlagschatten der angrenzenden Fichtendickung mit einem bizarren Muster verziert. Den Mantelkragen hochgeschlagen, die Hände in den Taschen vergraben, so schiebe ich mich in eine Kanzelecke und döse vor mich hin, dabei die Ohren auf Empfang gestellt.

Nach der ersten halben Stunde kommt unweigerlich die Versuchung, im Halbschlummer die vom angestrengten Sehen ermüdeten Augen zu schließen. Erfahrungsgemäß ist an dieser Stelle mit Sauen erst gegen dreiundzwanzig Uhr und später zu rechnen. Erfahrene Jäger kennen diesen Zustand zwischen Wachen und Einschlafen. Es gehört ein gewisser Nervenkitzel dazu, bis an die Grenze des Träumens zu versinken und trotzdem im Unterbewusstsein noch die Geräusche der Umwelt zu vernehmen.

In einer solchen Phase befinde ich mich, als ein schrilles „Quiek" mich aufschreckt. Blitzschnell ist mir klar: Das ist ein Schwarzkittel, der mit einem Artgenossen rangelt. Dieses „Quiek" ist die Quittung für einen kassierten derben Seitenhieb. Oft genug haben meine Beobachtungen dies bestätigt.

Bevor ich mich durch die Kanzelluke über das Geschehen draußen orientiere, geht mein Griff zur Büchse, um sie auf dem Fensterbrett in Anschlag zu bringen. Nur kein Geräusch verursachen. Mit der rechten Hand halte ich die Waffe, mit der linken das Nachtglas, um die Schneise abzusuchen. Als ich die Gummistutzen der Okulare gegen die Augen drücke, ist sofort ein dunkler Klumpen am Ende der Schneise in meinem Blickfeld. Die Scharfeinstellung gibt Gewissheit: Eine starke Sau; den Umrissen nach ein Keiler. Ein Urian! War er es, der die Hiebe ausgeteilt hat und sich nun an der Kirrung gütlich tut? Ein weit kleinerer Schatten schiebt sich in mein Blickfeld, gefolgt von einem weiteren. Einer von ihnen wird

Urheber des Schmerzenslautes von vorhin gewesen sein. Ein kurzer Ausfall der groben Sau lässt die beiden Überläufer, als solche spreche ich sie an, fluchtartig die Schneise räumen. Und wieder steht Urian als unangefochtener Herrscher an der Kirrung, um die ausgestreuten Maiskörner aufzunehmen.

Der Zielstachel des Zielfernrohres steht ruhig auf dem Wildkörper. An dem mir bekannten Größenverhältnis der umherliegenden Steine lässt sich die Stärke der Sau leicht ablesen. Es ist wirklich ein Urian! Kein Wunder, dass zwanzig Kilogramm schwere Steine von der Kirrung abgeräumt und in die Büsche geworfen wurden. Diesem gewaltigen Keiler dürfte das sicher keine Schwierigkeit bereitet haben.

Aber was soll das ganze Anvisieren; es ist Schonzeit. Schonzeit für Keiler und Bachen. Heiliger Hubertus! Habe Erbarmen und schicke wenigstens einen der Überläufer zurück! Mein Stoßgebet wird scheinbar erhört. Da sind sie wieder, die beiden „Kurzen". Aber Urian lässt ihnen keine Chance. Schon ein Aufwerfen genügt, um sie in die Flucht zu schlagen. Und dann steht der Keiler wieder im fahlen Mondlicht ruhig und breit auf der Schneise; eine Situation wie auf dem Schießstand; eine glatte Herausforderung!

Mir kommt es vor, als ob die Sau es auf eine Herausforderung anlegt, wohl wissend, dass ein gesetzestreuer Jäger den Finger in der Schonzeit gerade lässt.

Wann wird eine solche Chance wiederkommen? Ein Urian, breit wie ein Scheunentor auf vierzig Schritt Schussentfernung. Noch sind die Überläufer in der Nähe. In der Dickung hört man sie rumoren. Sie können wenigstens ihrem Unmut freien Lauf lassen, während ich stumm meinen Groll in mich hineinschlucke. Schon eine Viertelstunde geht das Spiel. Immer wieder steht der Zielstachel der Büchse auf dem berühmten Punkt hinter dem Teller des Keilers, der seine Position leicht verändert hat, derweil die Überläufer hin und wieder wie tanzende Derwische über die Lichtung huschen. Als sie schließlich nach zwanzig Minuten einen erneuten Versuch unternehmen, ein paar Maiskörner zu ergattern, setzt Urian sich in Bewegung.

Wieder ist das typische „Quiek" zu hören. In der Dickung bricht und kracht es mit abnehmender Lautstärke. Nach weiteren zehn Minuten steht fest, dass der nächtliche Spuk vorbei ist.

Eine halbe Stunde gebe ich noch zu, um ganz sicher zu sein, dass ich noch ganz allein im schweigenden Wald an der Kirrung die Wache halte. Als ich schließlich abbaume, tröstet mich der Gedanke, dass die Sauen nicht vergrämt abgezogen sind. Ich kenne nun den „Steinewerfer", den Urian, dem ich zur Schusszeit wieder zu begegnen hoffe. Und die Überläufer: Sie kommen wieder!

Du hast Glück bei den Sauen, cher ami

Urians Herausforderung ging mir nicht aus dem Kopf. Die beiden Überläufer mussten sich noch im Revier versteckt halten. Am nächsten Wochenende könnte ein neuer Versuch gestartet werden, der beiden habhaft zu werden.

Unter dem Stichwort „Familienfahrt" starten wir; das heißt, meine Frau und ich zusammen mit Tochter Brigitte und Schwiegersohn Heino sowie den drei Enkelkindern Verena, Fabian und Inga zur gemeinsamen Fahrt ins Revier. Keine Maus passte mehr in den Wagen.

Schon auf der Hinfahrt hatte ich mir überlegt, wo sich die Sauen versteckt halten könnten. Als wir bei Sonnenuntergang unseren Gasthof im Revier erreichten, stand der Plan für den Abendansitz fest. Die Dorfleiter im Buchenhochwald, die überdacht für zwei Mann Platz bot, schien mir mit der dahinterliegenden Dickung ein vielversprechender Ansitzplatz zu sein. Schwiegersohn Heino konnte die in zweihundert Meter Entfernung stehende Dachskanzel beziehen. Umgestiegen in den Jagdwagen waren wir schnell. Es war noch gut hell, als wir unseren Ansitzplätzen zustrebten. Unterwegs hielt ich den Wagen auf der Hegestraße an, um Heino abzusetzen, der von dort aus bequem die Dachskanzel erreichen konnte.

Ich ließ den Wagen am Kreisel, einer Wegekreuzung, stehen und umschlug die Dickung vor der Dorfleiter, die ich mir als Ansitzplatz ausgesucht hatte.

Am Pirschwegabzweig zur Dorfleiter hatten wir kürzlich eine neue Ansitzleiter aufgestellt, die wir Hermannshöhe getauft hatten. Dort angekommen blieb ich verdutzt stehen. Die Leiter war besetzt! Und wer saß dort oben und winkte mir freundlich zu? Schwiegersohn Heino. Mit gedämpfter Stimme gab er mir von oben die Erklärung für sein unprogrammgemäßes Auftauchen. Die Leiter zur Dachskanzel war gebrochen; deshalb der Stellungswechsel. Auf diese Weise saßen wir noch dichter beieinander, Heino hinter der Dickung, ich im Buchhochwald vor der Dickung. Bei diesem massierten Einsatz um die Dickung herum kamen mir Zweifel an dem Erfolg des Unternehmens, denn Störungen lassen sich beim Angehen und Besteigen von Hochsitzen nicht völlig vermeiden.

Und bekanntlich vernehmen Sauen recht gut.

Als ich meine Dorfleiter, die ihren Namen von einem dort in grauer Vorzeit befindlichen Dorf trägt, erreiche, ratscht am Rande der Dickung ein Eichelhäher, unterstützt durch das Krächzen eines Tannenhähers. Das Ratschen des Eichelhähers könnte mir gegolten haben, aber der Ruf des Tannenhähers, der nach meiner Erfahrung vorzugsweise vor Schalenwild warnt, kommt mir verdächtig vor. Vorsichtig besteige ich die Leiter und lasse das vor dem Sitz angebrachte Tarnnetz herunter. Bis zum Einbruch der Dämmerung ist noch viel Zeit, sodass ich mich mit jedem einzelnen Strauch und Busch vor mir vertraut machen kann. Die krächzenden Rufe des Tannenhähers verstummen, als ich mich hinter meiner Tarnnetzgardine verschanzt habe. Ich genieße die Stille und das Gezwitscher der Waldvögel um mich herum. Zwischenzeitlich prüfe ich mit dem Fernglas, ob nicht zwischen den Stämmen des Hochwaldes ein roter Wildkörper, ein Stück Rehwild, zieht. Nur ein feister Waldhase kommt in mein Blickfeld. Er sitzt vor einem Brombeerbusch und tut sich an einer kleinen Fläche mit Steinklee gütlich, baut ab und zu einen Kegel und putzt sich ausgiebig. Ein ergötzliches Bild, an dem ich mich längere Zeit erfreue.

Als er schließlich das Feld räumt, versinke ich wieder in Nachdenken darüber, wie der morgige Jagdtag gestaltet werden kann, dabei den Dickungsrand vor mir immer im Auge behaltend. Die Abendsonne schickt sich an, hinter den Stämmen des Hochwaldes zu verschwinden, als ein verdächtiges Knacken in der Dickung direkt neben meiner Leiter zu hören ist. Vorsichtig greife ich zur Büchse und bringe sie in Richtung des Geräusches in Anschlag. Es knackt noch immer. Ich entsichere; der Zeigerfinger liegt am Stecher. Angespannt lausche ich und versuche, in der Dickung eine Lücke zu finden, in der eventuell ein Wildkörper zu erkennen ist.

Das Knacken ist jetzt verschwunden. Für einen Augenblick lasse ich die Waffe sinken. Es bleibt ruhig; eigentlich zu ruhig! Bis jetzt! Deutlich höre ich unter den Fichtenzweigen, die den Fuß meiner Leiter verdecken, ein Geräusch wie beim Betätigen einer Luftpumpe. Sauen. Ganz eindeutig Sauen!

Ich sehe nichts, aber ich höre sie blasen. Der Stecher klickt. Nur noch einen Meter, und die Sau muss im Freien stehen. Erneutes Blasen! Sollte die Sau irgendwie Witterung von mir bekommen haben? Am liebsten würde ich in das Dickicht schießen; aber Schießen auf Verdacht wäre eine Todsünde!

Es herrscht knisternde Spannung. Aber unüberhörbar auch bei den Sauen, denn nun knackt und knistert es wieder in der Dickung. Das Geräusch wandert vor mir weg in Richtung des gegenüberliegenden Dickungsrandes. Aus und vorbei, die Sauen sind mir entkommen! Ich entsteche die Waffe, lasse aber die Büchse noch entsichert, um für alle Fälle gerüstet zu sein.

Da fällt mir Schwiegersohn Heino ein. Das Geräusch der abziehenden Sauen verschwand in seiner Richtung. Sollten sie dort am Dickungsrand bei ihm auswechseln? Wenn ja, dann müsste es dort gleich knallen, vorausgesetzt, dass Heino hellwach war.

Noch vertiefe ich diese Gedanken, als ein Schuss donnernd durch den Wald schallt. Lauthals ruft Heino: Sauen! Der Ruf hallt nach vor mir im Hochwald. Da höre ich es in der Dickung prasseln! In wilder Flucht stürmen zwei Stücke Schwarzwild hinter meiner Leiter aus der Dickung in Richtung Hochwald. Der Wald ist eingegattert; in fünfzig Metern Entfernung von mir verläuft der Zaun.

Ich sehe die beiden Schwarzkittel davonstürmen. Mit der Büchse im Anschlag fahre ich mit, aber für einen sauberen Schuss bietet sich zwischen den starken Buchenstämmen keine Gelegenheit. Die beiden Stücke preschen gegen den Zaun. Das stärkere Stück hat den Maschendraht glatt durchschlagen und stürmt davon. Das zweite Stück federt gegen den Drahtzaun und prallt zurück; gedeckt hinter den Stämmen im Hochwald geht die Flucht weiter. Ich habe keine Chance, einen halbwegs sicheren Schuss anzubringen. Im Bogen flüchtet das Stück in die Dickung zurück, um für heute auf Nimmerwiedersehen zu verschwinden. Ich atme tief aus und setze die Büchse ab.

Aber was ist bei Schwiegersohn Heino passiert? Soll ich jetzt schon abbaumen, um mich zu vergewissern? Noch bleibe ich fünf Minuten auf meinem Sitz. Vor der Dickung ist es still, in der Dickung ist es still, hinter der Dickung ist es still. Dann überwiegt die Neugier und ich baume ab, umschlage die Dickung und habe die leere Hermannshöhe, die Ansitzleiter von Heino, in Anblick.

Zwischen den Stämmen sehe ich Heino am Boden knien, beschäftigt mit dem Aufbrechen einer Sau. Ich rufe ihn an und nähere mich rasch dem Ort des Geschehens. Heino erhebt sich und strahlt, als ich ihm Waidmannsheil wünsche und den Bruch überreiche. Eine Überläuferbache, noch dampfend in der aufkommenden Abendfrische, liegt vor unseren Füßen. Gemeinsam tragen wir das erlegte Stück, angehängt an einer Fichtenstange, zum Jagdwagen. Der Kofferraum ist prall gefüllt, als wir den Schwarzkittel verstaut haben, um mit beginnender Dämmerung die Heimfahrt zum Gasthof anzutreten. Als wir im Familienkreis mit Waidmannsheil einen Schluck auf das Wohl des Erlegers tun, kommt Tochter Brigitte auf die grandiose Idee, zur Gitarre zu greifen und Heino ein Ständchen zu bringen. Unter tosendem Beifall entsteht dabei unser „Sauen-Cantus", der heute noch bei entsprechenden Anlässen zum Vortrag kommt. Als Parodie auf den Schlager: „Du hast Glück bei den Frau'n, bel ami ..." singen wir heute noch:

Du hast Glück bei den Sauen, cher ami!
So viel Glück bei den Sauen, cher ami!
Du bist klug und hast erkannt:
Schieße schnell und schieß' rasant!
Bist kein Held, doch ein Schütze, der nicht fehlt.

Du bejagst jeden Tag sie aufs neu';
manche triffst Du und bleibst dem Grundsatz treu:
Alle Sauen – schieße sie! Sei bereit und zögere nie!
Cher ami, cher ami, cher ami.

Ich bitte um Nachsicht in Bezug auf das Niveau unserer Dichtkunst, das, wir wissen es, nur mit der nötigen Anzahl Promille zu verstehen und zu ertragen ist. Diana und der Heilige Hubertus sollen schon schlimmere Sünden verziehen haben.

Nachts auf dem Eichensitz

Leise, leise kommt die Nacht.
Nebelschleier fallen sacht
auf die Felder, auf die Flur.
Vom Dorf her tönt die Kirchturmuhr.

Zehn Schläge hallen in der Ferne.
Am Firmament die ersten Sterne,
die flimmernd schwaches Licht versenden.
Es will der Tag zur Nacht sich wenden.

Friedlich äst am Wald ein Reh;
Enten fallen ein im See,
den ein dichter Schilfrand säumt.
Ein Käuzchen meldet sich verträumt.

Das ist die Stunde für die grauen
vom Wald ins Feld rückenden Sauen,
die Fraß auf nahen Feldern suchen
trotz Mast der Eichen und der Buchen.

Durch Mais und Weizen führt ihr Weg.
Es stehen schmatzend im Gebräch
zufrieden grunzend eine Bache –
der Rest des Schmatzens – Frischlingssache!

Halme knistern, Stängel knacken;
ein Keiler zieht mit starkem Nacken

durch den Weizen eine Gasse.
Ein Urian, ein alter Basse!

Ihm fällt zum Opfer manche Ähre.
Im Dämmern blitzen die Gewehre,
gefürchtet von der Hundemeute,
wenn er sich stellt. Doch nie als Beute!

Gedrungen steht vor reifen Halmen
der Basse. – Leichte Tropfen fallen
vom dunstumwobenen Eichensitz ...
Die Dunkelheit zerreißt ein Blitz!

Der Schuss am Waldesrand sich bricht
beim allerletzten Büchsenlicht.
Es scheint, als ob von Riesenhand
der Keiler an den Platz gebannt.

Das Weizenstroh, es färbt sich rot;
der starke Basse – er ist tot!
Gestreckt vom Jäger, dem vor Tagen
er dessen Freund, den Hund geschlagen.

Wilderer im Hirschloch!

Es regnete Bindfäden. Das Geräusch des Regens ging im Rauschen des angeschwollenen Baches vor der Haustür unter. In den späten Abendstunden des gestrigen Tages hatte ich auf einer Dienstreise einen Abstecher in mein geliebtes Revier gemacht und, nach einem Plausch mit meinem Herbergsvater und Dorfwirt, mich frühzeitig in mein Bett geschoben, um heute in der Frühe mein Jagdglück zu versuchen. Nach dem Frühstück sollte die Weiterreise angetreten werden.

Jagen oder Nichtjagen, das war hier die Frage bei dem Sauwetter. Ich lag im Bett und grübelte. In zwei Stunden würde es draußen hell sein. Der Gedanke an eine verpasste Gelegenheit würde mich ohnehin nicht mehr einschlafen lassen. Also hinein in die Wäsche, den Schlaf aus den Augen gerieben, in die Gummistiefel gestiegen, den Regenumhang übergestülpt und die Waffe durch den Regenschutz gesichert.

Als ich die Haustür öffne, um zum Wagen zu gelangen, platscht mir der Regen ins Gesicht. Nach dieser Dusche in der Dunkelheit ist alle Müdigkeit verflogen. Der Motor des Wagens springt an, so als hätte er die ganze Nacht nur auf eine Fahrt ins Revier gewartet.

Während der Fahrt über die regennasse Straße spritzt das Wasser derartig, dass ich den am Abend vorher ausgedachten Ansitzplan aufgebe, um ein trockenes Plätzchen zu suchen. Die vielversprechende offene Birkenleiter kommt nicht mehr in Frage. Dafür springt mich förmlich der Gedanke an, den Schuppen im Hirschloch aufzusuchen. Trocken und gedeckt in der mit Stroh gefüllten Hütte zu sitzen muss auch ohne Jagdglück ein Hochgenuss sein.

Schon war ich am Dorfeingang. Eine Katze entkam mit knapper Not den über den nassen Asphalt zischenden Rädern meines Wagens. Noch herrschte Ruhe im Dorf. Gedämpft schlug ein Hund auf Höings Hof an. Vorbei an der Transformatorenstation am Dorfausgang bog ich nach links ab; vorbei am Sportplatz ging die Fahrt bis zum Bockbüschchen.

Der Wagen steht gut gedeckt, als ich ihn verlasse und die Wagentür vorsichtig schließe. Eigentlich ist diese Vorsicht unnötig, denn der starke Regen verschluckt alle Geräusche. Es ist mehr als ungemütlich und dunkel. Wen stört es da, wenn ein Jäger trotz Regenumhang zum Regenschirm greift. Mich jedenfalls nicht.

So stapfe ich, durch Regenmantel und Schirm geschützt, Waffe und Glas darunter verborgen, durch das pitschnasse Gras, durch Pfützen, über den aufgeweichten Acker, der die Stiefel um Pfunde schwerer werden lässt, der Hütte im Hirschloch entgegen.

Die Hütte steht unmittelbar am Bach, vor ihr ansteigendes Wiesengelände. Noch dreißig Meter, dann ist das Ziel erreicht. Die Konturen der Hütte zeichnen sich bereits ab, als ich überrascht stehenbleibe.

Was war das? Eine Täuschung?

In der Hütte hatte es aufgeblitzt! Zweifel an meinem Wahrnehmungsvermögen beschleichen mich, als ich mich vorsichtig von rückwärts an den Schuppen heranpirsche. Obwohl die Nerven angespannt sind, zucke ich zusammen, als erneut ein Lichtblitz durch die Fugen an der Rückwand der Hütte dringt. Und noch einmal flammt es auf. Ein Feuerzeug! Es kann nur so sein.

Höchste Vorsicht ist jetzt geboten! Der leise rauschende Regen auf Blattwerk und Hüttendach machen es mir leicht, ohne verräterische Geräusche seitlich an den geschlossenen Eingang der Hütte heranzukommen. Regenschirm und Regenumhang liegen längst im Gras, um mehr Bewegungsfreiheit zu haben; die unhandliche Büchse ist unter dem Umhang abgelegt.

Ein vorsichtiger Blick um die Hüttenecke, der die Sicht auf die Luke zum Bach und zur Wiese hin freigibt, lässt mich zurückfahren. Ein Büchsenlauf ragt aus der Öffnung in Richtung Wiese.

Mein Pulsschlag rast, als ich die 9-mm-Para-Pistole aus dem Halfter ziehe und mich erst einmal in zehn Metern Abstand vom Hütteneingang hinter einer starken Esche in Deckung begebe.

Vergessen der Regen! In meinem Kopf kreist nur noch der Gedanke: Hier wird gewildert!! Was tun?

Vernünftig wäre es, den Tag abzuwarten und zu beobachten. Viele Gedanken kreisen durch meinen Kopf, der merklich feucht und kühl geworden ist, weil der Regen meinen Filzhut aufweicht. Mit meinem Lodenmantel sieht es mittlerweile nicht viel besser aus.

Eine stille Wut steigt in mir auf. Während ich durchnässt im Regen stehe, sitzt im warmen Stroh der Hütte ein Wilderer! Es musste so sein, da ich allein ins Revier gefahren war.

Ein neuer Lichtblitz im Schuppen; dazu zieht mir feiner Tabakgeruch in die Nase. Verdammt noch mal! Der Bursche scheint auch noch ein gutes Kraut zu rauchen!

Diese Unverschämtheit lässt mich alle Vorsicht und Zurückhaltung vergessen. Mit ein paar Schritten stehe ich an der Hüttentür, die durchgeladene Pistole in der Hand. Als ich die Tür aufreiße, sehe ich eine geduckte Gestalt mit glimmender Zigarette. Daneben sitzt zu meiner Überraschung hinter der aus der Hütte weisenden Büchse eine zweite dunkle Gestalt, deren Gesicht mir jetzt entgegenleuchtet. Und dann geht alles blitzschnell.

Mein Kommando: „Keine Bewegung! Was treiben Sie hier?" hat nur bei dem Raucher Erfolg. Er sitzt versteinert, während der andere hinter der Büchse nach hinten ins Stroh kippt und mit erschrockener Stimme fragt: „Wer ... wer sind Sie?" Heiliger Hubertus, hilf!

Diese Stimme kenne ich doch! Ein Stein fällt mir vom Herzen, als ich die Pistole sinken lasse und erleichtert zurückfrage: „Ja Hubert! Was treibst du denn hier?" Es ist mein Jagdaufseher, der dort sitzt und mit dem ich nicht rechnen konnte. Der für die Hütte bestimmte Parkplatz am Bockbüschchen, wo ich vorhin meinen Wagen abstellte, war leer. Wegen des Sauwetters war Hubert dichter an die Hütte herangefahren. Da Hubert Nichtraucher ist, hatte mich die Zigarette in der Annahme bestärkt, dass es ein Fremder sein müsse, der dort zu wildern versuchte. Der Fremde war ein Feriengast, dem, von Hubert mitgenommen, dieses gefährliche Erlebnis noch lange in den Knochen steckte.

An einer Verwarnung kamen die beiden „Wilderer" nicht vorbei: Im Stroh wird nicht geraucht! Aber: Glimmende Zigaretten sind besser als rauchende Colts!

Militante Hausbesetzer

Im Spätsommer hatten die fünf „Hs" beschlossen, im Walde eine Kanzel für den Nachtansitz zu bauen. Die fünf „Hs", das waren Heinrich, Heino, Hermann, Horst und Hubert, die Stammarbeiter des Reviers. Zwei Schrebergartenfreunde, Josef und Robert, hatten sich bereit erklärt, zu Hause in ihrer Gartenanlage die Vorarbeiten für die Verzimmerung des Kanzelaufbaus zu übernehmen. Manches Brett, manches Kantholz, mancher Nagel, manche Schraube, aber auch manche Zigarette und manches Fläschchen Bier wurden „verarbeitet", bis die zimmermannsmäßig zusammengefügten Seitenteile, Boden und Dach zum Abtransport bereitstanden. Im Geiste sahen wir uns schon in der herrlichen Kanzel sitzen und jagdliche Freuden genießen. An einem sonnigen Samstagmorgen war es so weit. Auf dem Anhänger des Geländewagens gestapelt und verstaut stand das hölzerne Prachtstück zum Abtransport bereit. Im Wagen war es eng. Fünf Leute quetschten sich mit Waffen und Gepäck tatendurstig in das Fahrzeug. Da ich als Letzter zustieg, war für mein Gepäck nur noch Platz auf dem Anhänger zwischen den Holzteilen. Der durchdringende Geruch der verwendeten Holzschutzmittel störte mich nicht; ich fuhr ja im Zugwagen mit. Und der „duftete" nur intensiv nach Tabak. Wer nach dem Besuch einer verräucherten Wirtshausstube daheim seine Kleidung an den Haken hängt, der weiß, welche Dunstwolke den Kleidungsstücken entsteigt. Hätte ich doch an den penetranten Geruch der Holzschutzmittel gedacht! Noch wochenlang war mein Gepäck, Schlafsack und Rucksack verseucht. Drei Stunden Autobahnfahrt bei strahlender Sonne hatten ihre Wirkung getan, um den Anstrich der Holzteile verdunsten und mein Gepäck „imprägnieren" zu lassen.

Nachteilige Wirkungen bei der Jagd habe ich allerdings nicht bemerkt. Im Gegenteil: Ich hatte einen hervorragenden Anlauf, besonders von Sauen, die ja bekanntlich Pech- und Teergerüche lieben. – Jedes Ding hat eben zwei Seiten.

Die Fahrt verlief zügig. Gegen Mittag waren wir an Ort und Stelle. Aus der Jagdhütte hatten wir in der Vorbeifahrt Handwerkszeug und Verpflegung, besonders flüssige, mitgenommen. Ein mit uns befreundeter Waldbauer hatte bereits gute Vorarbeit geleistet. Beim Durchforsten hatte er eine Menge Fichtenstangen geschlagen und zu unserer Arbeitsstelle gefahren. Der Platz für die Kanzel am Rande einer zwei Hektar großen Fichtendickung war bereits vorher festgelegt. Nun hieß es erst einmal, geeignetes Stangenmaterial aus dem Wald zu schleifen. Hubert und Hermann kamen mit der Meldung zurück, dass in dem Dickicht eine beträchtliche Anzahl von Stämmen frisch geschält sei. Also war somit bestätigt, was uns seit Tagen die Trittsiegel eines jungen Hirsches, eines Alttieres und eines Rotwildkalbes verraten hatten. Der Trupp Rotwild stand demnach in dieser Revierecke. Heino und Horst stießen beim Holzschleifen auf frische Schwarzwildfährten. Im Buchenhochwald hatte offensichtlich eine Rotte Sauen nach Bucheckern gesucht. Die Wahl des Standortes für die Kanzel war vielversprechend.

Noch aber stand unsere neue Kanzel nicht. Nachdem genügend Bauholz herangeschafft war, begann ein Sägen und Hämmern, welches die Waldeinsamkeit vergessen ließ. Das Ratschen und Gekrächze der Eichelhäher zeigte deutlich den Unmut der Waldbewohner über den ruhestörenden Lärm.

Das Traggerüst für die Kanzel war schnell errichtet. Eine stabile Leiter führte zur oberen Plattform, die den Kanzelkopf aufnehmen sollte. Nunmehr begann eine artistische Glanzleistung unseres Bautrupps.

Der Transport der vorgefertigten Einzelteile über die Leiter nach oben erforderte ungewöhnliche Balanceakte, die einer Zirkusnummer Ehre gemacht hätten.

Vor Beginn des Höhenkunststückes war während der Pause bei einem wohlverdienten Fläschchen Bier beraten worden, wer für diese Arbeiten prädestiniert sei. Die Wahl fiel gehässigerweise einstimmig auf mich, da mein Neffe Hermann prompt erklärte, ich sei der Älteste; und um den sei es nicht so schade wie um die jungen Leute, wenn er sich den Hals brechen würde!

Bei der Arbeit war Hermann allerdings der Erste, der auf der Arbeitsplattform in sieben Metern Höhe stand und mich freundlicherweise erst gar nicht nach oben ließ. Sein alter Onkel erschien ihm doch wohl zu gebrechlich für die Arbeiten mit Höhenzulage. Oder war es doch nur die Höhenzulage in Gestalt einer Mettwurst, die ihn dazu verleitete? Außerdem war ihm ein Fläschchen Bier, am Leiterfuß bereitgestellt, für seine Menschenfreundlichkeit sicher.

Am Spätnachmittag stand unser Bauwerk, eine gewaltige Kanzel, die vielleicht schon bei den Vorarbeiten im heimischen Schrebergarten ein wenig zu groß ausgefallen war. Jedenfalls gab es auf der Sitzbank Platz für drei Personen.

Auf Grund seiner Ähnlichkeit mit dem heimischen Förderturm der Zeche „Tremonia" tauften wir unseren Kanzelneubau auf dem Namen „Tremonius"!

Das anschließende Richtfest dauerte bis tief in die Nacht. In den folgenden Monaten, Herbst und Winter waren ins Land gegangen, hatte Tremonius uns manchen Ansitz und manches Jagderlebnis ermöglicht. Heute wollte ich vor Aufgang der Bockjagd zusammen mit meinem Jagdaufseher Hubert einen Reviergang unternehmen, um Jagdvorbereitungen zu treffen. Der Weg führte uns selbstverständlich auch zum Tremonius, der in den letzten Wochen nicht besetzt gewesen war.

An Ort und Stelle prüfen wir zunächst einmal die Leiter. „Hubert, sieh bitte einmal nach, ob in der Kanzel alles in Ordnung ist", mit diesen Worten lasse ich meinen Jagdaufseher nach oben steigen. Hubert steht vor der Kanzeltür, die verschlossen ist. Das Öffnen der gequollenen Tür bereitet Schwierigkeiten. Von unten verfolge ich sein Tun und erteile gute Ratschläge.

Ruckweise öffnet sich die Tür und Hubert kippt gegen das starke Rundholzgeländer, das die Kanzelplattform absichert. Aber nicht die aufgewandte Kraft ist es, die ihn so heftig zurückweichen lässt. Ich erkenne, dass Hubert beim Öffnen der Tür blitzartig die Flucht nach rückwärts antritt. Ein Fauchen und Kreischen in der Kanzel veranlasst mich, die Bockbüchsflinte von der Schulter zu reißen.

Dabei höre ich die erschrockene Stimme von Hubert aus der Höhe: „Verdammt! Da ist ja was drin!" Und schon ist die Tür wieder zu und Hubert stemmt den Fuß dagegen. Hubert hockt vor der Tür, als ich ihn aufgeregt frage: „Was ist?" Die Antwort lautet: „Kann ich nicht genau sagen; vielleicht eine Katze."

In der Kanzel ist es wieder still. Ganz vorsichtig öffnet Hubert einen Spaltbreit die Tür. Wieder ertönt das Fauchen. Ein Tierkörper springt gegen die Tür, die Hubert sofort wieder zudrückt. Ich stehe unten mit der Waffe im Anschlag.

Auf der Plattform höre ich Hubert sagen: „Das sieht ja aus wie in einem Hühnerstall! Alles voller Federn!" Und nochmals öffnet Hubert die Tür, um durch den schmalen Spalt die Hütte zu inspizieren. Und dann kommt des Rätsels Lösung: „Da sitzt Gelbkehlchen, eine Baummarderfähe mit ihrem Geheck in der Ecke." Ich werde ruhiger und entlade erst einmal meine Waffe, denn Marder haben Schonzeit. Und nun überlegen wir, Hubert oben und ich unten, wie man dem offensichtlich aggressiven „Hausbesetzer" am besten beikommen kann. Da schiebt sich die Schießklappe an der Vorderseite der Kanzel leicht in die Höhe. Wie ein Blitz springt der Marder aus mehr als sieben Metern Höhe mit ausgebreiteten Branten und buschiger Rute im freien Flug durch die Luft und überschlägt sich am Boden im Heidekraut. Es ist wirklich ein Baummarder; ein Gelbkehlchen, das mit hohen Sprüngen das Weite sucht.

Jetzt haben wir Zeit genug, um in Ruhe das Kanzelinnere zu begutachten. Es sieht schlimmer aus als in einem Hühnerstall! Überall Federn, abgebissene Vogelköpfe, zerfranste Wolle vom ausrangierten Teppichboden, den wir zur Trittschall- und Wärmedämmung eingebaut haben. Jede Menge Losung verunziert das Innere unseres stolzen „Tremonius". Es stinkt penetrant! Anders kann man diesen Geruch nicht bezeichnen.

Auf der Sitzbank ist in der Ecke ein kleiner Berg aus Wolle, Federn und Haaren aufgetürmt. Und dieser Berg bewegt sich! Zwei Jungmader liegen wohlbehütet unter der schützenden Isolierschicht.

So groß auch der Unmut über die Verwüstung der Kanzel ist, die Freude über die beiden Jungmarder ist größer. Die Fähe hat sich offensichtlich durch die lose baumelnde Lukenklappe an der Vorderseite Zugang in das Kanzelinnere verschafft, wie die Flucht vorhin bewies.

Als wir die Kanzeltür zudrücken und wieder abschließen, sind wir uns einig, dass dieser ideale Unterschlupf für die Aufzucht der Jungmarder nicht mehr gestört wird, bis diese aggressiven Untermieter, die sich wie militante Hausbesetzer gebärden, freiwillig ihre Behausung räumen.

Beim Abstieg von der Kanzel steht Hubert bereits in halber Höhe auf der Leiter, als die Fähe aus der Dickung, an den Rundholzstangen der Stützen und Verstrebungen der Kanzel empor, nach oben springt und in der wippenden Lukenöffnung verschwindet. Wir wissen nun, dass sie sich vorhin bei dem so bedrohlich aussehenden Sprung nicht verletzt hat und gönnen ihr das Mutterglück in unserem „Tremonius". An der Brettertür der abgeschlossenen Kanzel haben wir ein Schild gemäß dem römischen „Cave martem", der Warnung vor dem Hund, mit der Aufschrift angebracht: „Cave martem!" – Hüte Dich vor dem Marder!

Vier Wochen später, nachdem die Marderfamilie freiwillig ihr Domizil geräumt hatte, haben wir dann unseren Tremonius renoviert und mit dem erfolgreichen Ansitz auf einen Dreistangenbock neu eingeweiht. Das Schild „Cave martem!" hängt heute noch in der Jagdhütte, um möglicherweise erneut Verwendung zu finden.

Sauenspuk

Ein schöner Septembertag ging zu Ende. Die Kornfelder waren zum größten Teil abgeerntet; Kartoffeln und Mais übten erhöhte Anziehungskraft auf das Wild, allen voran die Sauen, aus. Im Maisfeld vor der Fichtenleiter hatte eine Ricke mit ihren beiden Kitzen ihren Einstand bezogen. Es war an der Zeit, den Ricken- und Kitzabschuss zu erfüllen, um nicht im Winter bei Eis und Schnee hinterherlaufen zu müssen.

Ein gut geführter Jagdbetrieb bedarf der Planung. Schon vor Wochen hatte sich Jungjäger Karl-Heinz angeboten, beim besagten Ricken- und Kitzabschuss mitzuhelfen. Meine Zusage für eine Einladung hatte ich heute eingelöst. Ausgerüstet mit allem, was ein Jungjäger besitzt, war Karl-Heinz am frühen Nachmittag angereist. Bei der Fahrt durch das Revier merkte ich ihm die Spannung an, mit der er dem Abendansitz entgegenfieberte. Auf dem Weg hinter der Fichtenleiter wies ich ihn kurz ein mit dem Auftrag, eines der hier erwarteten Kitze zu schießen. Ich wusste, dass ich mich auf Karl-Heinz, der seit Jahren ein treuer und zuverlässiger Revierhelfer war, voll verlassen konnte.

Noch war Zeit genug, um im Wirtshaus gemeinsam das Abendessen einzunehmen. Aber dann wurde Karl-Heinz unruhig, und ich verabschiedete ihn mit einem Waidmannsheil in Richtung Fichtenleiter. Als das Motorgeräusch seines Wagens sich im Walde verlor, genehmigte ich mir auf der Terrasse des Wirtshauses einen Schoppen kühlen Frankenwein, um mir einen Plan für meinen Abendansitz zurechtzulegen, als Hubertus, unser unverwüstlicher Jagdhelfer auftauchte. Die goldene Abendsonne hatte ihn ins Revier gelockt. Von Kindesbeinen an war er zu Lebzeiten seines Vaters, meines Vorpächters, in diesem Revier tätig. Sein Handikap war, dass er bei aller Liebe zur Jagd Prüfungen nicht ausstehen konnte. So blieb ihm die Jägerprüfung erspart, nicht aber der Zugang zu Wild und Natur. Es war schon erstaunlich, wenn er uns auf Kommando an der Jagdhütte seinen Feuersalamander präsentierte, der dort geduldig unter einem morschen Baumstamm auf Hubertus wartete, oder wenn er den Siebenschläfer unter dem Vordach der Hütte hervorholte und mit ihm Zwiegespräche führte, um ihn dann wieder in sein Versteck zu entlassen. Sein Spürsinn war so ausgeprägt, dass er oft genug bei der Nachsuche den Schweißhund ersetzte. Mit einem Wort: Hubertus war ein Ass!

Gern bot ich ihm für heute Abend den Sitz an der Urbuche an. Er hatte sein Spektiv dabei. Sein Wunsch: Von diesem Aussichtspunkt an diesem schönen Abend eine genüssliche Wildbeobachtung zu erleben. Dann trennten sich unsere Wege. Ich hatte mir vorgenommen, am Luderplatz anzusitzen. Der Platz war für Überraschungen immer gut. An diesem Abend allerdings blieb alles ruhig. Bis auf einen Schuss, der in der Dämmerung in Richtung Fichtenleiter fiel. Sollte Karl-Heinz Waidmannsheil gehabt haben bei seinem Ansitz auf Ricke und Kitz? Wir würden es bald wissen, denn wir hatten einen Treffpunkt nach dem Abendansitz am Waldparkplatz ausgemacht. Nachdem das Büchsenlicht vorbei war, trat ich die Heimfahrt an. Am Parkplatz wartete bereits Hubertus. Auch er hatte den Schuss gehört und vermutete ebenfalls, dass Karl-Heinz der Urheber gewesen war. So warteten wir geduldig. Aber, wer nicht kam, das war Karl-Heinz. Bei der inzwischen eingetretenen Dunkelheit war weder eine Nachsuche noch eine andere jagdliche Tätigkeit denkbar. Sollte er bereits unseren Gasthof angesteuert haben? Früh genug war der Schuss gefallen, um ein gestrecktes Stück in der Dämmerung aufzubrechen und zu versorgen.

Hubertus und ich, wir sind uns einig. Warten hat keinen Zweck. Die Wagentüren klappen zu; abwärts geht die Fahrt im Scheinwerferlicht zum Gasthof. Aber auch hier ist keine Spur von Karl-Heinz zu entdecken. Fragend schauen wir uns an: Etwas stimmt da nicht! Schnell steht unser Entschluss fest: Wir fahren zur Fichtenleiter, um nach Karl-Heinz zu suchen. Ein ungutes, mulmiges Gefühl beschleicht mich während der Fahrt durch die Dunkelheit. Hubertus ist dicht hinter mir, als wir dann an der Wegekreuzung, fünfzig Meter von der Fichtenleiter entfernt, unsere Wagen anhalten, um mit aufgeblendeten Scheinwerfern langsam suchend die Gegend abzuleuchten.

Ein Schreck durchfährt mich, als ich im Lichtkegel eine Gestalt entdecke, die auf den geschälten Holzstämmen am Weg hinter der Fichtenleiter liegt. Als ich die Wagentür öffne, steht Hubertus neben mir. Seine Worte „Das ist doch Karl-Heinz!" drücken Entsetzen aus. Ich bekomme eine Gänsehaut. Wir gehen auf die Stelle zu, an der Karl-Heinz quer auf den zum Abtransport gestapelten Stämmen liegt. Es sieht so aus, als hätte er die Waffe in Richtung Wald in Anschlag gebracht. Ich mache noch ein paar Schritte, als Bewegung in die liegende Gestalt kommt. Mit krummem Rücken erhebt sich Karl-Heinz, die Büchse in der Hand. Erleichtert atme ich auf. Mit knirschenden Schritten nähern wir uns auf dem Schotterweg. „Was ist los?", rufe ich Karl-Heinz entgegen.

Hubertus, der mir gefolgt ist, hat die Sprache wiedergefunden. „Der hat ein Nickerchen gemacht anstatt anzusitzen!", lautet seine Feststellung. Aber als Karl-Heinz endlich vor uns steht, macht er gar keinen verschlafenen Eindruck. Aufgeregt berichtet er uns von Sauen, die hinter den Stämmen im Walde rumort hatten und jetzt noch zu vernehmen seien. „Da muss eine Rotte drinstecken! Kommt nur mit und hört euch das an."

Je näher wir der besagten Stelle kommen, desto deutlicher wird ein Knacken, Rascheln, Prasseln im Walde hörbar. Jetzt lässt das Geräusch nach, um beim leisesten Windhauch erneut einzusetzen und anzuschwellen.

Es ist gut, dass die Dunkelheit nicht mein süffisantes Lächeln verrät, als Karl-Heinz jetzt erklärt: „Na bitte! Sie sind noch immer da. Das geht jetzt schon seit Einbruch der Dämmerung so." Hubertus nimmt mir die Antwort ab, als er erklärt: „Als ich sieben Jahre alt war, habe ich an dieser Stelle auch einmal an einen *Sauenspuk* geglaubt. Weißt du, was das ist? Das sind von den hier stehenden

Saateichen zu Boden fallende Eicheln; morgen früh kannst du dich davon überzeugen."

Ich glaube, das verschämte Gesicht von Karl-Heinz in der Dunkelheit erkennen zu können, als er nach einer längeren Pause, in der er nach Fassung ringt, erklärt: „Und dafür liege ich eine Stunde lang auf unbequemen Baumstämmen und schaue mir die Augen aus dem Kopf! Ich brauche dringend Medizin, um meine schmerzenden Knochen zu vergessen."

Für Karl-Heinz wurde es eine teure Medizin. An diesem Abend haben wir noch manches Glas geleert und dabei Spukgeschichten aufgewärmt, wobei der „Sauenspuk" nicht zu kurz kam. Und wer hatte da in der Dämmerung geschossen? Karl-Heinz bekam langsam wieder Oberwasser, als er uns aufklärte, dass uns eine Fehlzündung auf der Autobahn, die in der Richtung lief, getäuscht hatte.

Fuchs, du hast ihn ganz gestohlen!

Es war einmal wieder so weit. Vollmond! Schwiegersohn Heino war schon seit Tagen auf dem Sprung, um aus der Stadt ins Revier zu kommen. Die untergehende Sonne am klaren Himmel bei leichtem Frost und dünner Schneedecke versprach einen erfolgreichen Nachtansitz.

Die Strecke war frei, als wir in Richtung Revier auf die Autobahn gingen. Das gleichmäßige Fahrgeräusch des Wagens wurde nur hin und wieder unterbrochen durch kurze Bemerkungen, die unsere Gedankengänge verrieten. Fragen und Antworten kreisten um das Thema Fuchsjagd.

„Nimmst du die Hornet oder die .222 Remington?", wollte Heino wissen. Da ich seine Vorliebe für die Hornet kannte, fiel mir die Antwort nicht schwer: „Klar, ich nehme die Remington."

„Und wo willst du ansitzen?", fragte er mich erwartungsvoll. Der beste Platz war zweifellos die Birkenkanzel. Da es mir darauf ankam, dem jungen Jägerblut Jagdglück zu bescheren, fiel mir der Verzicht leicht, als ich ihm erklärte, für mich würde nur Mayers Schuppen infrage kommen. Obwohl – wer kann schon bei der Jagd vorhersagen, hier oder dort sei der beste Platz. Zu unwägsam sind die Einflüsse durch Witterung und Umwelt.

Nachdem die Rollen somit verteilt waren, ging die Fahrt nach zwei Stunden in der aufkommenden Dunkelheit zügig voran. Der Mond spendete bereits sein volles Licht. Das gleichmäßige Fahrwindgeräusch des Wagens war wohltuend.

Die Räder knirschten leicht, als wir nach der Abfahrt von der Autobahn in den Waldweg zur Birkenleiter einbogen. Die Kälte hatte leicht angezogen; aber es war windstill. Behutsam wurden die

Wagentüren geschlossen. Ausgerüstet für den Nachtansitz, ließen wir unsere Stiefelsohlen möglichst geräuschlos in dem etwa zehn Zentimeter hohen Schnee abrollen. Mit einem geflüsterten „Waidmannsheil" trennten sich am Eingang zur Honigwiese unsere Wege. Für mich galt es, möglichst rasch und unauffällig die freie Fläche durch das Feld bis zu Mayers Hütte zu überwinden. Das mitgenommene Schneehemd war immerhin eine gewisse Tarnung. Als ich die Hütte erreichte und mich in den dunklen Innenraum schob, ging mein Blick hinüber zur Birkenkanzel. Im Nachtglas erkennbar, stieg dort Heino gerade auf der Leiter nach oben. Erleichtert ließ ich mich auf einem Strohballen nieder. Kein Wild war abgesprungen oder hatte geschreckt. Nun hieß es: Geduld!

Eine Stunde nach Mitternacht war Treffpunkt „Wagen" ausgemacht; und jetzt war es 20.15 Uhr. Also hieß es, die nächsten vier Stunden möglichst erträglich zu gestalten. Der Strohballen als Sitzplatz war ideal. Die Waffe stand griffbereit an der Hüttenwand; das Nachtglas lag neben mir. Draußen Mond und zehn Zentimeter Schnee. Jägerherz, was willst du mehr!

Die Pelzmütze über die Ohren gezogen, den Mantelkragen hochgeschlagen, die Hände in den Taschen vergraben, so kann man es aushalten. Apropos Manteltaschen! Irgendwo muss das mitgenommene Mauspfeifchen stecken. Aber auch das eifrigste Wühlen in den Manteltaschen bringt keinen Sucherfolg. Ein kleiner Wermutstropfen in dieser reizvollen Winternacht.

Etwa zweieinhalb Stunden sind vergangen. Auf der großen weißen Fläche beschäftigt mich der Anblick von zwei Hasen, die auf einer vom Rehwild freigeplätzten Stelle Äsung suchen. Drei Stück Rehwild, die vermutlich meinen „Alleingang" zur Hütte doch wahrgenommen haben, lösen sich vom Waldrand und trollen von mir weg in Richtung Dorf, wo die Kirchturmuhr elfmal schlägt.

Gerade denke ich noch einmal an mein vermisstes Mauspfeifchen, als ein Schuss durch die Nacht peitscht. Unverkennbar Heinos Hornet auf der Birkenkanzel! Im Glas ist nichts Besonderes zu erkennen. Keine Bewegung auf der Kanzel; kein flüchtender Fuchs auf der weißen Schneefläche! Kein Fehlschuss also. Bei Heino bin ich gewohnt, dass die Stücke im Feuer liegen. Sollte es der starke Fuchs mit der weißen Luntenspitze gewesen sein, den die Kugel aus der Hornet in den Schnee warf? Geduld! Wir werden es früh genug erfahren. Noch sind fast zwei Stunden Zeit bis zum vereinbarten „Abbaumen". Die Zeit schleicht dahin. Der Mond ist ein gutes Stück gewandert, ohne dass sich auf der Schneefläche vor mir etwas verändert hat. Die Kälte steigt langsam von den Füßen aus an mir hoch, sodass ich erlöst aufatme, als ich einen Blick auf die Uhr werfe und feststelle, dass die Zeit zum vereinbarten „Rückzug" gekommen ist.

Als ich die Wegegabel zur Birkenkanzel erreiche, wartet Heino dort bereits auf mich. Rasch erzählt er mir, dass er auf einen starken Marder, der vom Wald zum vereisten Bach unterwegs war, Dampf gemacht hat. Der Marder hat gezeichnet, sich dann aber wieder aufgerappelt, und ist in Richtung Bach weitergeflüchtet. So berichtet er mir.

Wir beratschlagen, was zu tun ist. Zunächst wollen wir den Anschuss prüfen. Also betreten wir die weiße Schneefläche, der frischen Marderspur folgend. Nach neunzig Metern sind wir eindeutig am Anschuss. Schweiß färbt den Schnee; viel Schweiß für einen Marder. Die Wundspur führt zum Bach. Irgendwo unter den zerklüfteten Überhängen der Uferböschung wird der Marder sich versteckt haben. Wenn er weiter durch das offene flache Wasser geflüchtet ist, wird die nächtliche Nachsuche schwierig.

Also beschließen wir, den Tag abzuwarten und stapfen durch den Schnee zum Auto zurück. Zügig geht die Fahrt abwärts zum Gasthof, und schon bald liegen wir in den warmen Federn. Als ich zur gewohnten Morgenstunde das Frühstück einnehmen will, sitzt Heino schon abmarschfertig am Tisch. Nicht der Hunger, sondern die Unruhe hat ihn aus den Federn getrieben. Ich beeile mich und schlürfe den heißen Kaffee in mich hinein, um den Schwiegersohn nicht länger auf die Folter zu spannen. Wegen der Eile lassen wir den Hund daheim, weil wir sicher sind, den Marder zu finden. Dieses Mal fahren wir direkt bis zur Birkenkanzel. Beide haben wir nur die Flinte dabei. Und wieder stapfen wir durch den Schnee, unserer und der Marderspur aus der vergangenen Nacht folgend. Schon stehen wir am Bach und stellen fest, dass die Schweißspur am Rande aufhört. Der Marder ist tatsächlich im Bachbett aufwärts geflüchtet, denn nach knapp zwanzig Metern ist im Schnee auf der gegenüberliegenden Uferseite die Schweißspur wieder zu finden.

In der Richtung läuft sie jetzt auf einen ungefähr fünfzig Meter entfernt stehenden Schuppen zu. An der Ecke des Schuppens hat ein mit Brombeeren umrankter Holunderbusch seine Wurzeln geschlagen, an dem unsere Nachsuche überraschend endet. Der Schnee ist zerwühlt und voller Kampfspuren. Eine schnurgerade Fuchsspur läuft auf den Schuppen zu, um zurück mit deutlich stärkerem Abdruck der Branten in der weiten Schneelandschaft zu verschwinden. Hier hat sich ein nächtliches Drama abgespielt und es gibt keinen Zweifel, wer dabei Sieger blieb. Heino und ich, wir sehen uns verdutzt an. Heinos Kommentar sagt alles: Fuchs, den hast du ganz gestohlen! Ohne Beute, aber mit einer neuen Erfahrung kehrten wir nachdenklich heim. Man lernt im Leben nie aus. Und das gilt auch für die Jagd.

Der Silvesterkeiler

Zwischen meinem Neffen Hermann und mir war es eine beschlossene Sache, das Jahresende zwischen Weihnachten und Neujahr in der Jagd zu verbringen. Im Walde lag Schnee, der, wie bereits in der Feldflur geschehen, langsam dahinschmolz. Die Temperaturen waren in den letzten Tagen angestiegen. Hermann hatte seine verwitwete Mutter, die am 30. Dezember ihren 79. Geburtstag feierte, eingeladen, in unserem Dorfgasthof in jagdlicher Runde einen gemütlichen Jahresausklang zu erleben. Das passte insofern gut, als meine Frau, die ebenfalls mit zur Jagd gefahren war, einen Tag später, also Silvester, ein Jährchen älter wurde. Zwei Geburtstagskinder in unserer Runde, das musste gemütlich werden.

Also traten wir froh gestimmt die Fahrt an und erreichten ohne Schwierigkeiten unser Ziel. Nachdem wir uns schon einen Tag ausschließlich den Damen gewidmet hatten, und die beiden als Elisabeth l. und Elisabeth II. ein gutes Gespann waren, das zudem von unseren Wirtsleuten verhätschelt wurde, erhielten wir die Absolution, als wir vorsichtig unsere Gelüste nach jagdlichem Tun erkennen ließen. So unsere beiden Elisabethen gut versorgt wissend, ist unser Plan schnell gefasst. Gemeinsamer Nachtansitz auf Sauen! Hermann bezieht die Dickungskanzel, ich beziehe die Rotbuchenleiter, beide auf einer Schneise inmitten einer Dickung stehend.

Es ist schon fast eine gute Stunde dunkel, als wir losfahren ins Revier. Der Mond liefert ausreichendes Büchsenlicht, wenn er durch die Wolken am Nachthimmel sein Gesicht zeigt. Die Dickungskanzel und die Rotbuchenleiter stehen etwa zweihundert Meter auseinander, sodass jeder von uns mitbekommt, wenn es beim anderen knallt. Wir haben ausgemacht, dass in einem solchen Fall jeder von uns sitzen bleibt, bis der andere ihn abholt. Drei Stunden haben wir uns gesetzt, um unser Jagdglück zu versuchen.

Als ich die Rotbuchenleiter besteige, schreckt Rehwild. Einer von uns beiden ist also schon aufgefallen. Kein Wunder, wenn man durch das Tauwasser, das sich in Rinnsalen, Pfützen und kleinen Wasserläufen durch den Wald zieht, seinen Weg sucht.

Platschend haben wir die Wasserflut hinter und unter uns gelassen. Ich bin froh, als ich mich auf dem trockenen Sitzbrett der überdachten Leiter eingerichtet habe. Das Tauwetter hat bereits die Schneedecke auf der vor mir liegenden Schneise angenagt; die sich bildenden Wasserpfützen schimmern wie dunkle Riesenaugen in dem schmelzenden Schnee. Das Ganze ist bei dem hin und wieder durch die Wolken blinzelnden Mond eine romantische Schwarz-Weiß-Landschaft. Mein Blick durch das Nachtglas leuchtet die Schneise Stück für Stück ab.

Ich präge mir jede Einzelheit ein, damit eventuell auftauchende Schatten eines Wildkörpers sofort unterschieden werden können. Seit gut einer Stunde ist das Bild für mich unverändert. Ich versuche mir vorzustellen, wie Hermann in der geschlossenen Dickungskanzel seine Zeit verbringt. Er hat insofern den besseren Platz, als er sich dort freier bewegen kann. Die Schneise vor ihm ist jagdlich mindestens gleichwertig. In meiner gedanklichen Vorstellung sehe ich die Schneise vor mir, eigentlich in der Erwartung, dass es dort knallt. Zwischenzeitlich geht mein Blick über meine Schneise, die vorübergehend wieder im Mondschein liegt. Da hat sich doch etwas verändert? Angestrengt bohrt sich mein Blick durch das Glas in die fahle Mondnacht; die klammen Finger bedienen die Feineinstellung. Jetzt ist das Bild scharf. Der Schatten der Stocksulze, die auf der Schneise steht, hat mich genarrt.

In dem fünfzigjährigen Buchenbestand hinter mir kracht es plötzlich. Es ist zu laut, um von einem Stück Wild verursacht worden zu sein. Ein angebrochener Ast ist auf dem Waldboden aufgeschlagen. Das geübte Jägerohr vermag solche Geräusche sicher zu unterscheiden. So wie jetzt! Es hat schwach vor meiner Leiter ein platschendes Geräusch gegeben. Angespannt lausche ich in diese Richtung. Gehört auch dies zu meiner Wunschvorstellung von einer anwechselnden Sau? Nach zwei Minuten bin ich fast sicher, dass das Platschen keine besondere Bewandtnis hatte.

Doch was ist das? Aus der Richtung des angepeilten Geräusches höre ich ein entferntes, dann näher kommendes deutliches „Tapp, Tapp, Tapp" im Schnee. Wenn das keine Sau ist, verstehe ich nichts von der Jagd!

Das Tappen kommt noch näher; es ist jetzt unter meiner Leiter. Ein Blick nach unten bestätigt: mittelstarke Sau! Offensichtlich zeigt das Stück an meinen Stiefelabdrücken im Schnee Interesse. Jetzt nur nicht bewegen! Vorsichtig schiebt sich das Stück weiter auf die Schneise. Dann zeigt mir das kräftige, gleichmäßige Tapp, tapp, tapp, dass alle Vorsicht vergessen ist.

Knüppel und Steine, die auf der mit ein paar Händen voll Mais beschickten Kirrung liegen, werden zur Seite geworfen. Dann steht die Sau im Gebräch.

Ganz langsam wird die auf der Schießleiste liegende Büchse nach unten gerichtet, bis dass der Schwarzkittel voll im Zielfernrohr steht. Bei einer Entfernung von knapp vierzig Metern sucht der Zielstachel den Punkt hinter dem Teller. Meine Hand ist ruhig, als der Stecher klickt. Die Sau steht breit in Richtung Hochwald. Dort hoffe ich sie zu finden, wenn sie nicht im Feuer liegt.

Peitschend hallt der Schussknall der Büchse durch die Nacht. Das Mündungsfeuer blendet im fahlen Mondlicht nicht so stark, als dass ich das Zeichnen der Sau nicht erkennen könnte. Es prasselt in Richtung Hochwald, als ich nachlade. Rasch bricht das Geräusch ab. Ich versuche mir vorzustellen, wo das Stück liegen könnte. Falls krankgeschossen, nur jetzt keine Nachsuche, um das Stück nicht aufzumüden! Zehn Minuten verharre ich noch auf meinem Sitz, angespannt in die Nacht lauschend. Es rührt sich nichts. So leise wie möglich baume ich ab. Auf einem Umweg schleiche ich zu Hermanns Dickungskanzel, um mit der Taschenlampe zu blinken.

Hermann kommt mir entgegen und fragt gespannt: „Was ist passiert?" Kurz berichte ich ihm. Unser Plan lautet: Nach zwei Stunden Nachsuche! Wir gehen davon aus, dass das Stück liegt. Schneller als sonst haben wir den abgestellten Jagdwagen erreicht. Abwärts geht die Fahrt aus dem Walde, beschienen vom Mond, zu unserem Dorfwirt, in dessen gemütlicher Gaststube unsere zurückgelassenen Elisabethen beim Schoppen Frankenwein in Erinnerungen schwelgen. Als wir uns in voller Jagdmontur dazugesellen, um uns einen ebenso guten Tropfen zu genehmigen und von dem Ereignis zu berichten, spielen wir in der Unterhaltung unseren weiteren Plan durch. Für den Abtransport des Schwarzkittels über die verschlungenen Waldpfade nehmen wir die Sackkarre unseres Wirtes mit. Spätestens in zwei Stunden werden wir zurück sein. So lautet unsere Prognose. Früh genug, um von dem Geburtstag der einen Elisabeth in den Geburtstag der anderen, den meiner Frau, hinüberzufeiern.

Dann wird es Zeit für uns. Hermann und ich brechen voller Erwartungen auf. Es läuft alles nach Plan. Im Walde lassen wir vor der Dickung den Wagen stehen und laden die Sackkarre aus; Hermann zieht sie hinter sich her, ungeachtet der Wassermassen, die uns bergab entgegenströmen.

Vor der Buchenleiter lassen wir auch die Karre zurück. So geräuschlos wie möglich bewegen wir uns in Richtung Anschuss. Schweiß im Schnee! Die Wirkung der 7 x 64 ist klar erkennbar. Wir nicken uns zu; dann geht Hermann der Wundfährte nach, die in einen Busch führt. Ich umschlage den Busch und nähere mich von rückwärts; beide haben wir die geladenen Kurzwaffen in der Hand, um für alle Fälle gerüstet zu sein.

Aber diese Vorsichtsmaßnahme ist auch nicht mehr nötig. In dem Busch liegt die gestreckte Sau. Es ist ein zweijähriger Keiler. Das freudige „Waidmannsheil" meines Neffen Hermann nehme ich glücklich entgegen. Mit dem Bruch am Hut wird das Stück versorgt, während Hermann die Sackkarre herbeiholt.

Aufrecht, mit Gummizügen festgezurrt, wird der Keiler abtransportiert; ein Bild, das ich nie vergessen werde!

Hermann an dem einen, ich an dem anderen Karrenholm; so geht die Fahrt über Stock und Stein, durch Rinnsale und knöcheltiefe Pfützen voller Tauwasser im schmelzenden Schnee bergab. Die Karre mit ihrer Fracht schaukelt wild hin und her. Aber glücklich und durchnässt erreichen wir unseren abgestellten Jagdwagen. Als die Sau endlich auf dem Dachgepäckträger verstaut ist, sind wir durchgeschwitzt. Auf der leeren Straße geht es in Richtung Gasthof, hinter uns ein Fahrzeug mit aufgeblendeten Scheinwerfern, das uns partout nicht überholen will.

Offensichtlich haben die Insassen unsere Fracht auf dem Gepäckträger erkannt. Als wir in die Zufahrt zum Gasthof einbiegen, blinken sie zum Abschied. Hermann und ich, wir fahren das Fahrzeug auf den Hof und hängen das Stück im Schlachthaus an den Haken. Und dann. Nachdem wir uns frisch gemacht haben, wird Geburtstag am Silvestertag gefeiert, wobei der gestreckte Keiler Anlass für manche Runde ist und kräftig totgetrunken wird.

Übrigens: Die Aussage unserer beiden Elisabethen, dass der später von unserem Wirt zubereitete Wildschweinbraten durchschlagend nach Wacholder geschmeckt hat, halte ich für stark übertrieben, obwohl ein gewisser Zusammenhang mit zwei an diesem Abend geleerten Flaschen bestanden haben könnte.

Liebeserklärung an einen Bauhund

Mit dichtem Haarkleid, harsch und rau,
auf kurzen Läufen, stark und krumm,
so fährst Du ein in manchen Bau;
verrichtest Deine Arbeit stumm
bis Fuchs und Dachs im Bau gestellt,
bis dass der starke Feind verbellt.
Im Dunklen kämpfst Du wie ein Held!

Oft ist zerschunden Dein Gesicht,
zerfetzt Fang und Behänge,
Du bringst den Fuchs ans Tageslicht,
den Dachs arg ins Gedränge.
Doch ist der harte Kampf vorbei
und bist Du endlich wieder frei,
dann rüstest Du Dich schon aufs Neu'.

Du bist mein Freund, geliebt von allen,
die Dich als Jagdgefährten schätzen.
Froh lasse ich mein Jagdhorn schallen,
um Dich in Stimmung zu versetzen.
Die Jagd im Bau ist Deine Welt,
in der noch Mut und Kampfgeist zählt!
Ich liebe Dich, mein kleiner Held.

Schlaflose Nacht

Der Nachtansitz auf den Winterfuchs raubt dem passionierten Jäger oft genug die Nachtruhe. Doch auch die Baujagd mit dem Erdhund kann dem Jäger schlaflose Nächte bereiten, wenn mit Einbruch der Dunkelheit die Jagd abgebrochen werden muss, obwohl der treue Vierbeiner noch irgendwo im Bau steckt, ohne dass ein Lebenszeichen zu vernehmen ist. So erging es Klaus, Karl-Wilhelm und mir, als wir in gedrückter Stimmung und ohne unseren Rauhaarteckel Onzo, der seit Stunden ohne ein Lebenszeichen im Zentralbau an der Kompanie-Hege verschwunden war, den Heimweg von der winterlichen Fuchsjagd antraten.

Mittags waren wir mit Onzo, einem starken Rüden, und mit Nixe, einer schlanken Rauhaarteckeldame, losgezogen. Unser Ziel war der Zentralbau, an einem Südhang im Walde gelegen, der sowohl vom Fuchs als auch vom Dachs angenommen war. Mindestens dreißig untereinander verbundene Röhren boten sowohl dem roten Freibeuter als auch dem Dachs, dem Meister Grimbart, vortreffliche Zuflucht.

Rasch hatten wir festgestellt, dass der Bau befahren war. Frisch ausgekofferte Röhren zeigten in dem sandigen Lehmboden deutliche Spuren vom Fuchs. Etliche größere Steine, die dabei ans Tageslicht gefördert worden waren, ließen den Verdacht aufkommen, dass auch der Dachs hier am Werk gewesen sein könnte.

Als Klaus, Karl-Wilhelm und ich den Bau inspizierten, hatten wir die beiden Teckel im Wagen gelassen, um keine unnötige Unruhe zu schaffen. Nachdem wir möglichst geräuschlos unsere Plätze eingeteilt und bezogen hatten, erhielt Karl-Wilhelm den Auftrag, zum Wagen zurückzugehen und die Hunde zu holen.

Als Karl-Wilhelm mit den ungestüm am Riemen ziehenden Teckeln zurück ist, bedarf es nur eines Handzeichens, um die Flinten zu laden und mit leisem Klick zu schließen. Klaus steht, mit dem Rücken zu mir an eine Buche gelehnt, und überblickt die eine Hälfte des Zentralbaus, während ich die andere Hälfte observiere. Von jetzt an gilt es! Als Karl-Wilhelm den vor Jagdlust zitternden Onzo schnallt, ist dieser blitzschnell in der nächstliegenden Röhre verschwunden. Nixe macht einen Versuch, dem jagderprobten Kampfgefährten zu folgen, aber der Riemen hält sie zurück. Karl-Wilhelm beruhigt sie und steht dann mit schussbereiter Flinte wie wir, zur Salzsäule erstarrt, bewegungslos auf einem kleinen Erdhügel, der ihm gute Möglichkeit bietet, die Röhren am oberen Rand des Zentralbaues zu überwachen.

Wie elektrisiert durchzuckt es mich, als Onzo aus einer Röhre vor mir auftaucht, sich den Sand aus der Decke schüttelt, und mit Vehemenz in der Nachbarröhre verschwindet. Nixe beobachtet dabei still und äußerst gespannt ihren Jagdgefährten. Ansonsten steht sie unbeweglich wie ihr Herr Karl-Wilhelm, mit dem kleinen Unterschied, dass ihre Rute leicht flimmert, während Karl-Wilhelms Flintenlauf starr in den Winterhimmel ragt.

Und wieder vergeht eine Viertelstunde, bevor Onzo seine Nase erneut ins Freie steckt, um dann wieder im Bau zu verschwinden. Klaus, Karl-Wilhelm und ich stehen wie die drei Eisheiligen im winterlichen Wald, hin und wieder durch ein Kopfschütteln unsere Zweifel an dem Erfolg dieser Baujagd zum Ausdruck bringend.

Die Zeit verstreicht. Seit einer Stunde stehen wir uns nun schon die Beine in den Bauch; die Finger werden klamm. Nixe sitzt neben Karl-Wilhelm und zittert in der Kälte, hin und wieder verhalten schniefend.

Als ich die Flinte an den Baum stelle und die Hände in den Taschen des Anoraks vergrabe, um dort ein wenig Wärme zu suchen, kommt Bewegung in die Szene. Nicht dass Onzo oder ein erwarteter Rotrock auftauchen, aber Klaus und Karl-Wilhelm geben ebenfalls ihre wie im Wachsfigurenkabinett gestellten Positionen auf. An der Röhre, an der Karl-Wilhelm mit Nixe postiert ist, treffen wir uns zur kurzen, in gedämpftem Ton geführten Beratung. Eine Stunde wollen wir noch zugeben, um abzuwarten, ob nicht doch ein Fuchs springt. Das spurlose Verschwinden von Onzo, das mir Sorge bereitet, weiß Karl-Wilhelm zu erklären. Onzo pflegte öfter länger unterirdische Ausflüge zu unternehmen, meint er.

Also heißt es: Weiter abwarten! Der Stundenzeiger der Uhr zeigt schon auf die Vier, als wir uns klarmachen, dass nun etwas geschehen muss. Karl-Wilhelm ist noch immer die Ruhe selbst. Er arbeitet sich von Röhre zu Röhre, um nach dem Laut des Hundes oder nach sonstigen Geräuschen zu lauschen. Auch Klaus und ich liegen auf den Röhren, die Ohren auf Empfang gestellt.

Ergebnislos! Kein Laut, kein Geräusch. Den Kopf tief in die Hauptröhre gebeugt ruft Karl-Wilhelm jetzt nach seinem Onzo. Aber es bleibt still, viel zu still. Jetzt, bei aufkommender Dunkelheit, greift Karl-Wilhelm zu seinem bewährten Mittel, Onzo durch einen Flintenschuss aus dem Bau zu locken.

Die zunehmende Dunkelheit zwingt uns zum Abbruch der Jagd. Stumm und mit hängenden Köpfen ziehen wir zum Wagen zurück, um die Heimfahrt anzutreten, nicht ohne dass Karl-Wilhelm vorher seinen Rucksack in der Nähe der Hauptröhre zurücklässt für den Fall, dass Onzo doch noch auftaucht und nach uns sucht. Der Rucksack war schon oftmals Lagerstätte für ihn in ähnlichen Situationen.

Als wir unseren Gasthof erreichen und uns zum Abendbrot versammeln, läuft die Unterhaltung am Tisch recht spärlich, sodass unser Wirt schließlich fragt, ob wir krank seien; unser Appetit und Durst ließen sehr zu wünschen übrig. Nachdem wir ihm von unserem vermissten Onzo berichten, zeigt er volles Verständnis für unser Verlangen, möglichst früh ins Bett zu kriechen und unseren Kummer zu verschlafen. Um zehn Uhr in der Frühe wollen wir nach dem Frühstück wieder am Bau sein, um Nachforschungen nach Onzo anzustellen.

Die Nacht ist lang, viel zu lang. Am Morgen, als wir uns zum Frühstück treffen, gestehen wir uns ein, eine unruhige wenn nicht schlaflose Nacht verbracht zu haben.

Als wir den Frühstückstisch verlassen und uns mit Nixe in den Geländewagen zwängen, hat Karl-Wilhelm schon Vorbereitungen für die Suchaktion getroffen. Hacken, Schuppen und Spaten um uns herum machen das Sitzen unbequem. Schließlich müssen auch noch die Waffen verstaut werden, und dann geht es endlich los.

Unterwegs hängen wir unseren Gedanken nach, was uns am Bau wohl erwarten wird. Wir steigen aus dem Wagen aus und marschieren mit Werkzeug und Waffen bepackt los. Das Erste, was in Anblick kommt, ist Karl-Wilhelms Rucksack; unberührt liegt er an der Stelle, an der Karl-Wilhelm ihn niedergelegt hat. Von Onzo ist nichts zu hören oder zu sehen.

Wir beratschlagen, Nixe einzusetzen, ohne recht zu wissen, wie sie uns helfen kann. Aber vorher wollen wir noch einmal den gesamten Bau abhorchen. Zu dritt liegen wir auf dem kalten Boden und arbeiten uns von Röhre zu Röhre, um in die Tiefe zu lauschen. Es riecht nach Fuchs, wenn man den Kopf in bestimmte Röhren steckt. Ein Lebenszeichen von Onzo ist nicht zu entdecken.

Überrascht sehen wir hoch, als Karl-Wilhelm wie ein Nilpferd, mit dem er vom Umfang her gewisse Ähnlichkeiten aufweist, auf den Boden stampft. Als wir seine Absicht erkennen, Onzo ein Zeichen aus der Oberwelt in die Tiefe zu senden, hüpfen und stampfen wir drei wie tanzende Derwische auf dem Bau herum. Der Waldboden dröhnt dumpf, als ich zusätzlich mit der flachen Seite der Kreuzhacke auf die Bodendecke des Baues schlage. Und noch einmal lauschen wir in die Tiefe und horchen die Röhren ab.

Plötzlich die Stimme von Karl-Wilhelm: „Heinrich, Klaus!" Seine Hand weist in die Röhre, vor der er gerade kniet. „Horcht!" Mehr bringt Karl-Wilhelm nicht heraus. Schon liegen Klaus und ich am Boden. Am liebsten würden wir in die Röhre hineinkriechen. Ganz schwach, aber unverkennbar hört man in der Tiefe das Klagen eines Hundes. Kein Zweifel, das ist Onzo! Was mag sich da unten abspielen und abgespielt haben?

Unsere Sorge um den Hund verfliegt, als wir in Karl-Wilhelms strahlendes Gesicht sehen. „Kein Bange; Onzo schafft das schon!" ist sein Kommentar. Und dann treten Spaten, Hacke und Schaufel in Aktion. Einige störende Baumwurzeln sind rasch mit dem Beil gekappt. Steine und Erdreich fliegen nur so und türmen sich am Rande des Suchloches auf. In kurzen Abständen lauschen wir in die Tiefe, während wir uns den Schweiß von der Stirn wischen.

Das Klagen und Winseln des Hundes wird zunehmend deutlicher. Man kann den Eindruck gewinnen, als ob der Hund, beeindruckt durch die Arbeitsgeräusche, neuen Mut geschöpft hat. Aus dem Klagen wird zwischendurch ein wütendes Knurren. Aber noch müssen wir einen Meter tiefer. Ganz nah ist nun der Laut des Hundes zu vernehmen. Vorsichtig arbeitet Karl-Wilhelm mit dem Spaten in dem sandigen Lehmboden. Und dann rutscht der Boden trichterförmig in die Tiefe!

Wie ein Maulwurf arbeitet sich Onzo unter einem Stein hervor und wird von Karl-Wilhelm nach oben gereicht, wo Klaus und ich ihn freudig in Empfang nehmen. Onzo gleicht eher einer Wanderdüne als einem Hund. Sandverkrustet die harsche Decke, sandverklebt die Augen, Fang und Gehöre. Als er sich schüttelt, prasseln die Sandkörner in das dürre Laub am Rande des Suchloches. Und Durst hat der Hund! Einen Riesendurst! Mit ein paar Sätzen ist er an einer Fahrrinne, die voll Wasser steht. So viel Wasser geht eigentlich in einen Teckel gar nicht hinein, wie Onzo sich einverleibt.

Nach den Sprüngen zu urteilen, ist Onzo unverletzt. Nur auf dem Nasenrücken hat er eine Macke, die ihn aber offensichtlich nicht behindert. Als wir Karl-Wilhelm aus der Tiefe ans Tageslicht hieven, ist Onzo schon wieder bestrebt, in den Sandtrichter hinabzutauchen. Sein Kampfgeist ist ungebrochen. Angeleint wie Nixe ist Onzo nun gezwungen, eine Zwangspause einzulegen, während wir uns von den Strapazen der Bergungsarbeiten erholen, glücklich über den glimpflichen Ausgang.

Noch einmal wandert der Blick auf den Boden der Grube. Kann das wahr sein? Unter der Steinplatte, unter der Onzo verklüftet worden war, bewegt sich etwas. Eine spitze Nase bewegt sich vor und zurück und zur Seite. Ein Fuchs! Immer wieder bewindet er die Stelle, an der Onzo eingebuddelt gelegen hat. Blitzschnell habe ich die Taschenpistole Kai. 6.35 in der Hand. Den Fuchs müsste ich treffen, wenn er sich etwas weiter nach vorn schiebt.

Und schon peitscht der Schuss in den Morgen. Verschwunden die Nase, verschwunden der Fuchs, den ich getroffen zu haben glaube. Jetzt wird Nixe geschnallt; sie soll den Rotrock aus der Röhre ziehen. Und wieder stehen wir mit schussbereiter Flinte auf dem Bau. Zu unserer Überraschung gibt Nixe keinen Laut. Sie ist verschwunden. Heiliger Hubertus! Nicht noch einmal eine solche Prozedur wie mit unserem Onzo!

Bange Minuten vergehen, bevor Nixe suchend hinter uns auftaucht; es muss offenbar noch weitere Röhren geben, die wir übersehen haben und Reineke als Fluchtweg dienten. Mein Schuss war also ein Schuss in den Sand!

Nach all dieser Aufregung verspürten wir ein dringendes Bedürfnis, nämlich neue Kräfte für neue Taten zu sammeln. Nachdem die Hunde versorgt, das Werkzeug verstaut und die Waffen gereinigt waren, fanden wir bei unserem Wirt endlich Zeit für uns.

Die folgende Nacht war nicht weniger schlaflos als die vorausgegangene. Das Defizit an Bierkonsum, das wir unserem Wirt am Vorabend zugefügt hatten, musste schließlich ausgeglichen werden. Nach Bestätigung durch den Wirt ist uns dies vortrefflich gelungen. Onzo erhielt übrigens eine besondere Tapferkeitsmedaille. Als nach ein paar Tagen der Tierarzt wegen einer Entzündung der „Macke" am Nasenrücken aufgesucht werden musste, entfernte dieser aus der Wunde einen abgebrochenen Fuchshaken, der seit dieser Zeit Onzos Halsung ziert.

Mancher Fuchs ist seitdem im Revier zur Strecke gekommen, aber nie ein Fuchs mit abgebrochenem Haken.

Nicht geschossen ist so gut wie vorbei

Es war mal wieder so weit; heute war der erste Wildschaden im Mais gemeldet worden. Und zwar an einer Stelle, die bisher nie von Sauen angenommen worden war. Etwa fünfzig Meter neben der Autobahn hatten die Schwarzkittel gewütet. An den Außenrändern stand der Mais wie eine Eins, im Innern des Maisfeldes sah es böse aus.

Nichts Gutes ahnend hatte ich am Vormittag das Nachbarstück kontrolliert. Mit gleichem Ergebnis! Sollte der Elektrozaun, den Jagdaufseher Hubert und ich um ein erfahrungsgemäß gefährdetes Maisfeld in etwa einem Kilometer Entfernung gezogen hatten, die Sauen in eine andere Richtung gelenkt haben?

Vorsorglich kontrollierte ich auch dieses mit reflektierendem Aluminiumband umspannte Feld. Der Elektrozaun funktionierte, wie ich beim Übersteigen schmerzhaft feststellen konnte. Das beruhigte mich. Dennoch schob ich mich vorsichtig durch die Reihen der Maisstauden. Hin und wieder knickte ein Stängel. Das ließ sich bei aller Vorsicht nicht vermeiden. Aber als ich vor mir bereits geknickte Stängel, die eine Gasse bildeten, entdeckte, wurde ich mehr als misstrauisch. Sollte bereits vor mir jemand das Maisfeld kontrolliert und dabei die Stängel umgeknickt haben?

Schon bald hatte ich Gewissheit, nämlich als ich die ersten angefressenen Maiskolben entdeckte. Die Fährte, der ich nun folgte, wurde deutlicher. Zuerst waren es nur ein paar Quadratmeter große Flächen, die verwüstet waren. Und dann wieder das typische Bild im Innern des Feldes. Die Sauen hatten auch hier gründliche Arbeit geleistet. Sie hatten die Mitte des Feldes „platt" gemacht.

Ein Gefühl der Hilflosigkeit beschlich mich, als ich das Feld verließ, um auch hier die Nachbarmaisstücke zu prüfen. Für heute

Nacht galt es, alle verfügbaren Jäger zu mobilisieren, um an den angenommenen Maisfeldern die Sicherung zu übernehmen. Einen wichtigen Verbündeten hatten wir schon; es war Vollmond!

Als ich bei meinem Kontrollgang feststellte, dass auch die meisten am Waldrand gelegenen Maisstücke Schäden aufwiesen, kam so etwas wie Wut in mir hoch, die aber schon bald einem notwendigen Tatendrang wich.

Zunächst wurden meine Jagdfreunde alarmiert. Mit vereinten Kräften bauten wir mehrere transportable Ansitzleitern im Revier ab, um sie an den gefährdeten Maisfeldern zu postieren. Für den Nachtansitz so gerüstet, die Plätze für die Jagdfreunde waren verteilt, wollte ich mir eine abendliche Verschnaufpause gönnen.

Bei sinkender Sonne bezog ich eine Ansitzleiter am Waldrand zur großen Wildwiese. Wohltuende Ruhe empfing mich. Es war windstill bei angenehmer Temperatur. Aus der Ferne klang das Geläut der Hunde vom Gutshof herüber. Die Stimmung war so recht danach, die Seele baumeln zu lassen.

Die Sonne war bereits hinter den Bergkuppen verschwunden. Mehr zufällig blieb mein Blick an einem Kontrastpunkt im satten Grün der Wiese hängen. Na also, es gibt doch noch Hasen! Da hockt er, Meister Lampe, keine dreißig Schritte von mir entfernt. Ich habe genügend Zeit, von der Ansitzleiter aus den Mümmelmann zu beobachten. Seinen Platz verlässt er nicht. Mal duckt er sich, mal baut er einen Kegel, die Löffel immer auf Empfang gestellt. Zwischendurch erledigt er seine Abendtoilette; er putzt sich, als ob er zum Ball gehen wollte. Wer weiß, wo seine Partnerin oder sein Partner auf ihn warten, denn wo ein Hase ist, ist bekanntlich der zweite nicht weit.

Eine gute Viertelstunde mag bei der Beobachtung des Hasen vergangen sein. Da fegt es rot unter den überhängenden Zweigen des Waldrandes heran und überrollt in wilder Jagd meinen Freund Mümmelmann, um direkt unter meiner Leiter am Wiesenrand zu verhoffen. Es ist eine Ricke mit zwei Kitzen, die da hochflüchtig herangeprescht kommen. Aufmerksam suche ich nach einem Grund für das Verhalten der Rehe. Entdecken kann ich nichts.

Die drei Stücke, die Kitze sind gut beieinander, ziehen inzwischen vorsichtig entlang des Wiesenrandes in die offene Wiese, während Freund Lampe sich dehnt und strafft, um den Schreck abzuschütteln.

Auch ich habe für einen Augenblick die Luft angehalten, als die wilde Jagd auf mich zukam.

Jetzt überlege ich, ob ich eines der Kitze schießen soll. Noch bewegen sie sich unruhig um die sichernde Ricke herum. Vorsichtig nehme ich die Büchse hoch und visiere die Stücke an. Das Büchsenlicht ist noch gut; auch die Entfernung passt. Soll ich oder soll ich nicht?

Mein kurzes Zögern reicht aus, um mir die Entscheidung abzunehmen. Beim Mitziehen mit der Waffe wird es im Zielfernrohr grün. Die drei Stücke sind verdeckt von einem weit ausladenden Buchenast, der mir die Sicht nimmt. Ein wenig ärgere ich mich über meine Unentschlossenheit. Dianas Gunst habe ich nicht genutzt. Und: Nicht geschossen ist so gut wie vorbeigeschossen!

Aber ich tröste mich mit dem Gedanken, dass durch den unterbliebenen Schuss die Sauen, denen mein Ansitz gelten soll, nicht vergrämt worden sind. So in Gedanken bleibe ich auf meiner Leiter bis in die späte Dämmerung hinein sitzen.

Als der Mond hinter den Baumwipfeln als silberhelle Scheibe hochsteigt, baume ich ab. Bis zu meinem vorbereiteten Platz für den Nachtansitz auf der Heckenkanzel sind es knapp fünfhundert Meter. Ich durchquere den Buchenwald, um an der gegenüberliegenden Seite das freie Feld zu erreichen. In einer Nusshecke steht hier gut gedeckt die Heckenkanzel, die ich ohne Störung besteige. Ein Käuzchen scheint mich doch entdeckt zu haben; ich schließe das aus dem aufgeregten „Kiwitt, kiwitt, kiwitt", mit dem der Nachtvogel mit lautlosem Flügelschlag meine Kanzel umkreist. Aber er beruhigt sich bald, und ich kann mich in aller Ruhe in meiner Kanzel einrichten.

Silbrig gleißend strahlt der Mond vom wolkenlosen Nachthimmel herab. Im Nachtglas erkenne ich auf der Weide die Tierkörper der dort stehenden Rinder vom Bauern Heineken, dessen rechts vor mir liegendes Maisfeld ich in dieser Nacht vor unerwünschtem Sauenbesuch zu sichern gedenke. Die schützende Aluminiumfolie des Elektrozaunes reflektiert das Mondlicht und blitzt in der Schwärze der Nacht. Ich überzeuge mich, dass die im Fernglas erkennbaren Brennnesselbüsche und deren Schlagschatten nicht einen dunklen Wildkörper verbergen. Aber alles ist ruhig; kein Stück Wild ist zu entdecken.

Bei völliger Windstille lausche ich in die Nacht, um Geräusche im Mais wahrnehmen zu können. Nichts rührt sich dort. Von der Autobahn an der Grenze dringen schwache Fahrgeräusche an mein Ohr. Hin und wieder blitzen Scheinwerfer durch die Lücken der Buschreihe am Autobahnsaum.

Links vor mir liegt eine umgepflügte Ackerfläche. Als ich mit dem Glas die als dunkle Streifen erkennbaren Furchen ableuchte, bleibt mein Blick an einem hellen, sich bewegenden Fleck hängen. Sofort ist klar: Hier bewegt sich ein Tierkörper! Aber was kann das sein? Zu einem Frischling würde zwar die Größe, aber nicht die Färbung passen. Der weiße Fleck zerrt an einem dunklen Punkt herum. Angestrengt beobachte ich durch das Glas, wobei ich die Scharfeinstellung korrigiere. Na, das ist doch ... ein Fuchs! – der weiße Brustlatz ist deutlich zu erkennen.

Und wieder stellt sich mir die Frage: Schießen oder nicht? Nach kurzer Überlegung ist mein Entschluss gefasst. Mein Ansitz gilt den Sauen! Also auf den Fuchs den Finger gerade lassen! Mindestens zehn Minuten lang ist Reineke mit dem Buddeln an der besagten Stelle auf dem Acker beschäftigt. Immer wieder kehrt mein Blick durch das Nachtglas zu ihm zurück, wenn ich die Feldflur kontrolliere. Als ich einen neuen Versuch mache, ist Reineke verschwunden. Ich nehme mir vor, beim Abbaumen nachzusehen, was er an dieser Stelle fand.

Der Mond ist inzwischen ein gutes Stück weitergewandert und die Kirchturmuhr im Dorf verrät in der Ferne durch zwölf Schläge die vorgerückte Stunde, als ich durch ein schrilles Quieken am Ende des Maisfeldes aufgeschreckt werde. Das ist eindeutig! Solche Laute können nur von einem Frischling stammen. Er muss an den

Elektrozaun geraten sein. Noch klingt mir das wehleidige Aufheulen meines Teckels in den Ohren, der, als wir am Vormittag die Maisäcker kontrollierten, ebenfalls Bekanntschaft mit der spannungsgeladenen Umzäunung gemacht hatte.

Fieberhaft suche ich mit dem Glas die mir zugewandten Ränder des Maisfeldes ab. Aber im wahrsten Sinne des Wortes ist keine Sau zu sehen, auch kein Frischling. Geschickt haben offenbar die Sauen beim Auswechseln aus dem Mais die Deckung an der von mir abgewandten Seite des Feldes ausgenutzt, um in der Nacht zu verschwinden. Es kommt mir vor, als ob der Mond leicht sein Gesicht verzieht, als ich schließlich das Glas absetze.

Aber noch gebe ich nicht auf! Nach einer halben Stunde geht mein Blick einmal mehr über den gepflügten Acker. Und siehe da! Wieder Bewegung an dem Platz, den Reineke vor gut zwei Stunden verlassen hat. Sollte das mein Frischling sein?

Aber wiederum leuchtet mir der helle Brustlatz von vorhin entgegen. Also erneut ein Fuchs. Mein Fuchs? Jetzt ist mir schon alles egal. Nicht geschossen ist auch vorbei!

Fast automatisch vertausche ich das Fernglas mit der Büchse. Im Zielfernrohr sehe ich schwach die Umrisse des roten Freibeuters. Der Zielstachel sucht den weißen Brustfleck. Entsichern, Stechen und Schießen gehen fließend ineinander über. Donnernd rollt der Schussknall vom gegenüberliegenden Waldrand zurück. Für das Erste bin ich meinen Frust los. Ich habe den Eindruck, dass der Fuchs in einer dunklen Ackerfurche liegt. Jetzt noch auf Sauen zu warten dürfte ziemlich aussichtslos sein. Also baume ich ab. Es stört mich jetzt nicht mehr, dass die Schießluken und die Tür der Kanzel beim Schließen Geräusche machen.

Mit griffbereiter Büchse nähere ich mich der Stelle, an der ich den beschossenen Fuchs vermute. Hier ist die Stelle, aber wo ist mein Fuchs? Statt seiner liegen die Reste eines verendeten Frischlings in der Ackerfurche. Opfer der Autobahn? Wer weiß? Vom Fuchs keine Spur. Bei Tageslicht werde ich den Anschuss prüfen. Vielleicht bringt mir der neue Tag mehr Jagdglück. Aber eines steht für mich fest: Vorbeigeschossen ist auf jeden Fall schlechter als nicht geschossen! Mir kam es vor, als hätte der Vollmond in dieser Nacht zustimmend seinen breiten Mund verzogen.

Der Fuchs hatte das nächtliche Abenteuer übrigens nicht überlebt. Am anderen Morgen fand ich ihn stocksteif am Rande des Ackers.

Schießen oder nicht schießen?

Lass' Dich nicht vom Frust verleiten;
höre meinen Rat!
Wenn zwei Seelen in Dir streiten
lass' den Finger gerad'.

Kirschen in Nachbars Garten

Nein, nein; mit der schönen Nachbarin und der heimlichen Liebe hat diese Geschichte nichts zu tun. Vielmehr geht es hier um Vor-Liebe; Vorliebe für frisch vom Baum gepflückte Kirschen. In unserem Revier gab es ein Kirschenparadies. Etwa zweihundert Kirschbäume, Edelkirschen aller Sorten, standen auf einem Berghang in Sichtweite des Gutshofes, der als gräflicher Besitz mit seinen Wäldern, Wiesen und Feldern das Herzstück des Reviers bildete. In den letzten Jahren waren die Kirschen nicht mehr geerntet worden, da die zum Gutshof gehörende Brennerei ihren Betrieb eingestellt hatte. Das war ein willkommener Anlass für die Bauern aus der Nachbarschaft, aber auch für uns Jäger, zur Kirschenzeit sich an dem Überfluss gütlich zu tun. Aber nicht nur für die Bauern und für uns Jäger war das Kirschenparadies ein Anziehungspunkt. Ein Heer von Eichelhähern und Drosseln stritt sich um diese Zeit um die süßen Früchte. Ja, man konnte wohlberechtigt von einer Eichelhäherplage sprechen. Egal zu welcher Tageszeit wir uns den Kirschbäumen mit ihren weit ausladenden Kronen näherten, immer empfing uns ein vielstimmiges Gezeter, sodass wir erst einmal mit ein paar Flintenschüssen für Ruhe sorgen mussten. Noch nie haben so viele bunte Federn unsere Hüte geschmückt wie zur Zeit der reifen Kirschen, ohne dass eine merkliche Abnahme derer vom Geschlecht der Markwarts zu verzeichnen gewesen wäre.

Für uns Jäger hatte sich dabei ein bestimmtes Reglement ergeben, nämlich: Abends Kirschen; morgens pirschen. Es gab nichts Schöneres als einen Hut voll frisch gepflückter Kirschen zum Abendansitz mitzunehmen. Diese Angewohnheit hatte auch eine sportliche Seite, das Stein-Weitspucken vom Hochsitz, wie wir diese Disziplin nannten. Der Rekord stand bei 6,75 Metern von der sieben Meter hohen „Fuchswinkel-Leiter" aus. Auf diese Weise entstand um die Leiter herum im Laufe der Jahre ein Jungwuchs von Kirschbäumen, der vom Wild gern verbissen wurde.

Heute war ich wieder einmal unterwegs, um mich mit frischen Kirschen zu verproviantieren. Fünf Eichelhäher räumten bei meiner Annäherung mit Ratschen und Kreischen den ersten Baum. Zwei Schüsse aus meiner Flinte ließen eine Dublette ins hohe Gras torkeln. Ich glaube, vorerst Ruhe vor den Polizisten des Waldes zu haben. Aber weit gefehlt! Links von mir erschallt aus einem Baum eine männliche Stimme: Aufhören! Nicht schießen! Verdutzt lasse ich die Flinte sinken und versuche zu ergründen, woher diese Stimme kommt. In einem Baum mit Schattenmorellen klappert es; eine Milchbüchse rollt den Hang hinab und ein Paar Hosenbeine werden über dem untersten Ast sichtbar. Und dann steht als personifiziertes schlechtes Gewissen ein Waldarbeiter aus dem Staatsforst am Boden und sammelt seine Milchkanne mit den frisch gepflückten Schattenmorellen auf.

Nach der ersten Überraschung erkläre ich ihm, dass ich die gleichen Absichten habe, nämlich unentgeltlich Kirschen zu pflücken. Meine Zusicherung, nicht mehr zu schießen, reicht nicht aus, dem Kirschenpflücker Mut zu machen, erneut mit seiner Kanne in den Baum zu klettern. So bleibt mir nichts anderes übrig, als die beiden Eichelhäher aufzusammeln und ihm als Erinnerung an sein Abenteuer eine bunte Feder für seinen Hut zu überlassen, bevor er mit seiner Kanne in Richtung Gutshof lostrabt.

Ich aber wende mich nun meiner ursprünglich vorgesehenen Tätigkeit zu, nämlich für den Abendansitz eine Portion leckerer Kirschen in meinen verbeulten Hut einzufüllen. Die tief hängenden Zweige eines Astes mit prallen Herzkirschen ermöglichen mir ein leichtes Pflücken. Mit umgehängter Flinte marschiere ich, Kirschen schmatzend und Steine spuckend, in Richtung Luderplatz, um auf die Jungfüchse zu warten, die dort allabendlich ihre Ausflüge unternehmen. Als ich das Ziel erreiche, ist mein Kirschenvorrat ziemlich zusammengeschmolzen. Entweder ist der Weg zu weit oder der Hut zu klein oder der Appetit zu groß. Bei dieser Rechnung mit mehreren Unbekannten komme ich zu dem Ergebnis, dass die Größe meines Hutes die entscheidende Rolle spielt. Dann stopfe ich, bevor ich die Leiter am Luderplatz besteige, die letzten Kirschen aus meinem Hut in mich hinein und stelle befriedigt fest, dass das Quantum mehr als ausreichend ist.

An diesem Abend rührt sich nichts am Luderplatz. Als die Dunkelheit gut eine Stunde nach Sonnenuntergang Wiese, Wald und Busch miteinander verschmelzen lässt, baume ich ab, um in der Nacht in meinem Bett von einem großen bunten Eichelhäher mit einer Milchkanne und blauer Arbeitshose zu träumen. Vielleicht haben die Kirschen in meinem Magen ein wenig gedrückt?

Unser Kirschenparadies übte nicht nur eine magische Anziehungskraft auf Eichelhäher aus. Fuchs und Dachs waren ebenfalls häufige Besucher, um sich an den von den Bäumen gefallenen Kirschen gütlich zu tun. Pirschgänge in der Kirschenplantage waren zu dieser Jahreszeit hochinteressant.

Tochter Brigitte erlebte hier als Schulmädchen bei einer gemeinsamen Frühpirsch mit mir ihre erste Begegnung mit Reineke Voss in freier Wildbahn. Als wir gemeinsam in der Morgendämmerung durch das taufrische Gras schlichen, kam uns ein leises Rascheln entgegen. Ein Handzeichen von mir genügte, um bewegungslos am Platz zu verharren, als sich das kniehohe Gras bewegte und schließlich zerteilte, um das Gesicht eines starken Fuchses freizugeben. Drei Sekunden lang standen wir uns unbeweglich gegenüber. Als ich die Flinte von der Schulter riss, war der Fuchs mit einem mächtigen Satz verschwunden. Noch heute erzählt die Tochter von ihrem damaligen Erlebnis, das sich im Kinderalter gravierend bei ihr eingeprägt hat. Aber auch die Frühpirsch im „Alleingang" brachte so manche Überraschung in diesem Bezirk. So erging es mir an einem diesigen, vom Sprühregen durchwehten Morgen, als ich die Kirschenplantage aufsuchte. Dieses Mal hatte ich unter dem schützenden Regenumhang die Büchse dabei. Ich hielt Ausschau nach den letzten Kirschen, denn die Erntezeit ging ihrem Ende entgegen.

Als ich die Büchse an den Baum lehne, da sie mich beim Pflücken der spärlich nachgereiften Kirschen behindert, tauchen aus dem Frühdunst schemenhaft die Umrisse zweier Stück Rehwild auf, um in den Schwaden des Sprühregens wieder zu verschwinden. Das sieht danach aus, als ob ein Bock eine Ricke treiben würde.

Ich presse mich an den Stamm und lausche. Tatsächlich; da fiept ein Reh! Und ehe ich mich versehe, kommt eine wilde Jagd auf mich zu. Mit Regenumhang und hochgeschlagener Kapuze muss ich wohl wenig Ähnlichkeit mit einer menschlichen Gestalt haben, denn nun treibt der Bock seine Ricke zum Greifen nahe um mich herum. Ich traue mich nicht, den Kopf zu drehen. Aber wieder tauchen die beiden Stücke in meinem durch die Kapuze eingeengten Gesichtsfeld auf. Zehn Meter vor mir versucht der Bock, die Ricke zu beschlagen; aber sie ist nicht gefügig. Nach minutenlangem Liebesspiel geht die Jagd der beiden Stücke weiter, um im Frühnebel wie ausgeblendet zu verschwinden.

Ich sage mir, dass der alte Jägerspruch „Den Bock verwirrt der Sonne Glut" nicht die alleinige Weisheit verkörpert. Man müsste diesen Spruch wohl dahingehend ergänzen: *Auch bei Sprühregen sind Böcke auf Abwegen!* Ein unauslöschliches Erlebnis hatte ich übrigens mit einem wandernden Kirschbaum. Und das kam so:

Zusammen mit meiner besseren Ehehälfte war ich an einem Wochenende ins Revier gefahren. Es war Sommer und die Kirschen waren reif. Am Abend vorher war es mir nicht mehr gelungen, meinen jagderprobten Filzhut mit einer prallen Kirschmahlzeit für uns beide zu füllen. So fassten wir am anderen Morgen nach dem Frühstück den Entschluss, zunächst unsere heiß geliebten Kirschen aufzusuchen. Gesagt, getan. Los geht die Fahrt! Mein altes Schmuckstück, ein VW-Käfer, der uns im Revier noch nie verlassen hat, und der uns vor Ort als Geländewagen dient, ist unser Gefährt. Wegen seiner grünen Farbe haben wir ihn „Laubfrosch" getauft.

Anstandslos holpert der Wagen über die Feldwege, über die Wiesen bis zu den Kirschen. Meine Frau macht es sich in der Morgensonne auf dem Ansitzstuhl bequem, während ich die Bäume inspiziere. Es sind noch reichlich Kirschen vorhanden; aber leider sind die unteren Äste in Bodennähe leergepflückt. Nur in den Kronen leuchten die rotbäckigen saftigen Früchte. Eine Leiter habe ich leider nicht zur Verfügung; und das Klettern in den Bäumen ist nicht gerade meine Stärke. Ich komme mir vor wie der Fuchs, dem die zu hoch hängenden Trauben zu sauer sind.

Aber schließlich halten die sauren Trauben des Fuchses dem Vergleich mit meinen süßen Kirschen nicht stand. Ein Blick auf meinen am Berghang geparkten Wagen bringt mich auf eine grandiose Idee. Vom Wagendach aus muss es ein Leichtes sein, an die lockende Kirschenpracht zu gelangen.

Und schon bin ich bei meinem Käfer, um mit dem Segen meiner Frau das Gefährt schnaufend den Berg hinauf unter den nächsten Süßkirschenbaum zu steuern. Eine gewisse Schwierigkeit bereitet mir der Aufstieg über die glatte vordere Abdeckhaube auf das nicht minder glatte, gewölbte Dach des Wagens. Das Blech trägt; auf ein paar Kratzer mehr oder weniger kommt es ohnehin bei meinem unverwüstlichen Käfer, der ohne Pflege nur alle zwei Jahre den TÜV kennt, nicht an. Und so pflücke ich dieses Mal eine doppelte Portion Kirschen, da ich die Beute mit meiner Frau teilen muss. Herrlich, wie die Kirschen schmecken! Nach dem Motto: Die einen ins Töpfchen, die anderen ins Kröpfchen, fülle ich meinen ausgebeulten Jagdhut, begleitet vom Ratschen der in der Nähe ebenfalls die Bäume plündernden Eichelhäher. Wo ich auch immer hingreife, eine Hand voller Kirschen ist die Ausbeute.

Als ich meinen von Kirschen überquellenden Hut vorsichtig auf dem Wagendach absetze und mich wieder aufrichte, wird mir leicht schwindelig. Jetzt nur nicht vom Wagen fallen; das fehlt mir gerade noch! Krampfhaft versuche ich, mich an einem über mir befindlichen Ast festzuhalten. Aber das Schwindelgefühl nimmt zu! Der ganze Baum bewegt sich vor meinen Augen. Verflixt und zugenäht! Ich verspüre Spannung in meiner Hand, mit der ich den Ast umklammere. Der Baum bewegt sich wirklich! Bis ich begreife, dass die Bäume feststehen, aber mein Wagen langsam bergab rollt, vergehen kostbare Sekunden.

Mit einem Satz springe ich vom Autodach in das Gras. Als ich mich aufrapple, ist mein Käfer schneller geworden. Ich renne hinter dem Wagen her und reiße die Tür auf. Vielleicht erreiche ich noch die Handbremse? Ich bemühe mich verzweifelt, aber vergeblich, das bergab rollende Fahrzeug zum Stehen zu bringen. Und dann stehe ich nur noch wie gebannt neben dem nächsten Kirschbaum und verfolge hilflos die Fahrt meines führerlosen Fahrzeugs ins Ungewisse.

Der heiß geliebte Käfer! Schade um ihn. Er kommt mir vor wie eine Kegelkugel, die auf die Kegel zurollt und dann einen oder mehrere trifft. In gerader Linie rollt er jetzt rückwärts auf den starken Stamm eines Kirschbaums am Fuße der Plantage zu. Ein leichter Schlenker, und schon ist es vorbei! Mein sehnlichster, irrer Wunsch ist es jetzt: Hoffentlich trifft er den nächsten Baum! Denn noch hält sich seine Geschwindigkeit in Grenzen.

Und er tut mir den Gefallen. Rummms!!! Der getroffene Kirschbaum zittert leicht – der Wagen steht.

Erst jetzt geht mein Blick zum Ruheplatz meiner Frau, die regungslos vor Schreck neben ihrem Ansitzstuhl steht und mit ausgebreiteten Armen, so als könne sie das Unglück aufhalten, das Schauspiel verfolgt. Die Eichelhäher der gesamten Umgebung scheinen sich zusammengerottet zu haben und kreischen wie wild.

„Es ist nichts passiert", rufe ich meiner Frau zu, die nun auch die Sprache wiedergefunden hat und mir ein paar Sätze zuruft, die nicht gerade als Schmeichelei interpretierbar sind. Derweil springe ich zwischen den Kirschbäumen den Hang hinunter und begutachte meinen „Laubfrosch"; der mir mit der Vorderfront freundlich entgegenblickt. Misstrauisch schleiche ich um den Wagen herum, um mir sein vor mir verborgenes Hinterteil anzusehen. Der erste Eindruck: Es sieht besser aus, als ich dachte! Die hintere Stoßstange hat sich um den Baumstamm geschlungen. Die Abstandhalter haben die Form einer Ziehharmonika. Die Motorhaube ist eingedrückt. Mein „Laubfrosch" ist insgesamt ein Stück kürzer geworden. Aber sonst?! Die starken Bleche haben einen größeren Schaden verhindert. Die Türen lassen sich anstandslos öffnen; alle Scheiben sind heil geblieben. Als ich den im Schloss steckenden Zündschlüssel herumdrehe, springt der Wagen an, als ob nichts geschehen wäre. Die Rückfront des Käfers ist zwar eingedrückt; den Motor hat es offensichtlich nicht erwischt. Mein heiß geliebtes Weib hat sich inzwischen an die „Unfallstelle" herangepirscht und beschimpft mich zu Recht, lautstark unterstützt durch die Eichelhäher, in den höchsten Tönen. Recht hat sie! Doch das kann ich natürlich nicht zugeben. So kümmere ich mich erst einmal um meinen vom Wagen gefallenen Hut, und, oh Wunder, Elisabeth, die Erzürnte, leistet mir beim Einsammeln der rings umher verstreuten Kirschen einträchtig Gesellschaft. Wir stoßen beim Einsammeln mit den Köpfen zusammen und müssen kopfschüttelnd lachen. Und dann sitzen wir in der Morgensonne einträchtig brav nebeneinander im Gras und schmatzen die prallen roten Kirschen, die eigentlich der Ausgangspunkt unseres Unternehmens waren, während wir überlegen, was weiterhin zu tun ist.

Eine starke Kuhkette an einem Torpfosten des benachbarten Weidezaunes bringt mich auf einen Gedanken. Was zu kurz ist, muss man in die Länge ziehen! Dieser Logik kann auch meine bessere Ehehälfte nicht widersprechen. Gesagt, getan. Das Ende der Kette um den Baum geschlungen, das andere Ende um die eingedrückte Stoßstange, dann gezündet und Gas gegeben – und das Wunder ist geschehen. Zwar nicht mehr so formschön, hat mein „Laubfrosch" wieder seine ursprüngliche Länge!

Wenigstens ungefähr! Dafür erhielt er aber auch ein neues Farbkleid. Seit dieser Zeit kommt es mir vor, als ob er ängstlich auf Baumstämme schielt!

Blühende Heide

Ein sonniger Tag, geschaffen zur Jagd,
hat mir mein' Lieb' und das Glück gebracht.

Wir trafen uns an des Dorfes Rand,
als leis' Du meinen Namen genannt.

Die blühende Heide lud uns ein
als Bett für uns beide, um glücklich zu sein.

Ringsum ist das Summen der Immen zu hören;
der herbfeine Blütenduft mag uns betören!

Flimmernde Hitze, sie staut sich im Kraut;
es umrahmt Dein Gesicht wie Myrthen die Braut.

Die rosafarbenen Blüten verzieren Dein Haar.
In blühender Heide ein glückliches Paar.

Erfülle Dein Herz mit all dieser Pracht,
die Dich und auch mich überglücklich macht.

Bleib bei mir, mein Lieb', bis tief in die Nacht.
An solch' einem Tag mag ruhen die Jagd!

Wolpertinger

Dieses angebliche Fabeltier wird noch heute vereinzelt in freier Wildbahn angetroffen. Durch Kreuzungen mit anderen Tierarten ist der ursprüngliche *Wolpus urius bavarius* als Mutation in den unterschiedlichsten Formen in unzugänglichen Waldgebieten zu finden, wo er scheu lebt. Besonders die Weibchen sind sehr heimlich.

Die Jagd auf den Wolpertinger (kurz *Wolp*) ist nur noch wenigen Jägern geläufig. Die Tradition der Wolpertingerjagd wird vom Verband der Spezial-Wolpertinger (VDSP) hochgehalten. Nur Spezial-Wolpertingerjäger sind per Urkunde berechtigt, diese reizvolle Jagd auszuüben. Der Wolp ist wegen seines Felles und seiner Seltenheit als Trophäe sehr begehrt. Als Jagdarten kennt der Wolpjäger die Ansitzjagd vor der Wolphöhle im Erdreich oder in morschen Baumstämmen sowie die Suchjagd mit dem Frettchen. Dabei soll es vorgekommen sein, dass entwichene Frettchen sich mit dem Wolp gekreuzt haben. Die einfachste Jagd geht mit einem Sack und brennender Kerze vonstatten. Das Kerzenlicht zieht den Wolp magisch an, sodass es nicht schwerfällt, ihn in den Sack zu stecken. Zum Anlocken des Wolp werden außerdem Töne mit einer Stimmgabel erzeugt, die den Brunftlauten ähnlich sind. Dabei ist die beste Fangzeit um Mitternacht. Schwierigkeiten besonderer Art bereitet die Jagd auf den Flugwolpertinger, der als *Wolpus luftikus* zurzeit geschont ist. Er muss mit dem Netz gefangen werden, wobei die Maschenweite genau abgestimmt sein muss auf Größe und Gewicht des Wolp, damit er nicht durch die Maschen schlüpft.

Den Beweis, dass der Wolpertinger lebt, liefern wiederkehrende Presseberichte. Dabei hat sich herausgestellt, dass das Kerngebiet des spärlichen Wolpertingerbestandes im Raum Bayern liegt.

Jeder Fuchs liebt seinen Bau

Seit dem späten Nachmittag befand ich mich sozusagen auf dem Ansitz, um meine zur Fuchsjagd eingeladene Jägermannschaft tröpfchenweise in Empfang zu nehmen. Mit Einbruch der Dämmerung war als Letzter Schwiegersohn Heino mit Enkelsohn Fabian eingetroffen. Als der Wagen bei klirrendem Frost auf den Hof rollte, schaltete sich gerade die spärliche Straßenbeleuchtung des Dorfes ein. Am Jägerstammtisch in der warmen Gaststube ging es inzwischen munter zu. Prognosen für den morgigen Jagdtag wurden gestellt, Wetten wurden abgeschlossen, und so manche Story von Fuchsjagden wurde erzählt. Dabei kam das Jägerlatein nicht zu kurz.

Als unser Wirt die ersten Ermüdungserscheinungen erkennen ließ und – tröpfchenweise – das Licht in der Gaststube ausschaltete, war das für uns das Zeichen, in die warmen Betten zu schlüpfen, um für den kommenden Tag gut ausgeschlafen zu sein.

In diesem Jahr gab es Füchse „en masse". Das Vorjahr, ein ausgesprochenes Mäusejahr, hatte die Voraussetzungen für diese starke Fuchspopulation geschaffen. Ich hatte mich deshalb entschlossen, neben Ansitz- und Fallenjagd im Monat Februar mit ausklingender Ranzzeit eine Baujagd im Revier durchzuführen. An diesem Wochenende mit Frost und Sonnenschein war es endlich so weit. Das Wetter war eigentlich zu schön, um die Füchse in den Bau zu ziehen. Aber die Jagdvorbereitungen und Absprachen ließen keine Terminverschiebung zu. Also packten wir es an.

Um zehn Uhr war als Treffpunkt das Feuerwehrhaus in der Dorfmitte vereinbart. Als ich dort eintraf, wurde ich bereits freudig von Hundeführer Karsten und besonders von seiner Rauhaarteckelhündin Trixi begrüßt. Mein Jagdaufseher Hubert war pünktlich wie immer, sodass wir ohne Verzögerung die Fahrt zur Jagdhütte, an der Heino, Horst und Hubertus als Verstärkung auf uns warteten, antreten konnten.

Die Jagdhörner schmetterten das Signal „Begrüßung"; die Stimmung war hervorragend. Ein vielversprechender Jagdtag nahm seinen Anfang.

Als erstes Ziel wurde der gewaltige Zentralbau im Walde angegangen. Die Plätze und Schützenstände waren bereits vorher besprochen und festgelegt worden, sodass vor Ort größtmögliche Ruhe herrschte. Der Zentralbau, an einem Südhang im Buchenhochwald gelegen, war wirklich ein gewaltiger Bau. Mehr als zwanzig Röhren, Ein- und Ausfahrten, boten in dem sandigen, mit Steinen durchsetzten Lehmboden idealen Unterschlupf. Auch heute zeigten die frischen Dachsaborte und die dicken ausgekofferten Steine, dass der Dachs einen Teil des Baues bewohnte. Die breiten Einfahrten mit dem typischen Geschleif verrieten ein Übriges.

Ich hatte ein bisschen Sorge, dass Trixi an den Dachs geraten könnte. Aber Karsten war überzeugt von der Intelligenz seiner Trixi, die nach seiner Erklärung keinen ungleichen Kampf mit dem starken Dachs aufnehmen würde.

Unwillkürlich musste ich an die Baujagd des vergangenen Jahres denken, als wir Onzo, einen starken Rauhaarteckelrüden, hier aus diesem Bau mit Hacke und Schippe befreien mussten. Er war beim Kampf unter der Erde verklüftet worden – es war ein hartes Stück Arbeit, ihn aus fast zwei Metern Tiefe ans Tageslicht zu befördern. Ohne Risiko lässt sich leider keine Baujagd betreiben. Aber jetzt galt es! Die Schützen standen gut verteilt und gut gedeckt im Abstand von etwa zwanzig Metern, als ich das Handzeichen gab, Trixi von der Halsung zu befreien und suchen zu lassen. Schon war sie in der nächsten Röhre verschwunden, um nach kurzer Zeit aus einer anderen Röhre ans Tageslicht zu kommen. Und schon war sie wieder in der nächsten Röhre untergetaucht. Die Hündin arbeitete gut. Röhren, Ein- und Ausfahrten, die ihr besonders interessant erschienen, arbeitete sie meistens hin und zurück.

Angespannt standen die Jäger auf ihren Ständen. Nur die leisen Kommandos von Karsten an seine Trixi waren zu hören. Nach etwa einer halben Stunde erschien Trixi wieder einmal an der Oberfläche und schüttelte sich den Sand aus den Behängen. Ihre Miene verriet: Schluss mit der Vorstellung! Da tut sich nichts! Nur einmal hatte sie Laut gegeben, als sie im oberen Teil des Zentralbaues, gekennzeichnet durch die Größe der Röhren, für meine Begriffe Kontakt mit dem Dachs hatte. Im Stillen gab ich jetzt Karsten mit seiner Behauptung recht, seine Trixi nähme keinen ungleichen Kampf mit dem Dachs auf. Etwas enttäuscht entluden die Schützen ihre Flinten, um auf dem Bau zusammenzukommen und, wie das bei der Jagd üblich ist, Ursachenforschung für den Fehlversuch zu betreiben. Heino beendete das Jagdpalaver, indem er allen eine Runde Zielwasser verordnete, die von allen widerspruchslos entgegengenommen wurde. So gestärkt ging es zurück zu den oben auf dem Waldweg abgestellten Fahrzeugen, um mit neuem Mut und mit neuen Hoffnungen den zweiten großen Bau im Revier an der Schuttkippe anzusteuern. Die Mittagssonne schien herrlich, als die Wagen auf dem Weg entlang der Schuttkippe, die Gott sei Dank vor Jahren stillgelegt worden war, ausrollten. Das Bedürfnis, sich die Sonne auf den Pelz scheinen zu lassen, verspürten offensichtlich nicht nur die Füchse, sondern auch die Jäger, die bei offenen Wagentüren in ihren Fahrzeugen und teilweise auf dem am Wege gelagerten Langholz sitzend ein Sonnenbad nahmen. Schon bald war bei einem Zigarettchen für die Unverbesserlichen und einem Schlückchen für die angeblich vom Sonnenbrand geplagten Jagdfreunde ein munterer Plausch im Gange.

Aber wir hatten ja noch viel vor; also drängte ich zum Aufbruch. Die ehemalige Schuttkippe lag in einer ausgedienten Sandgrube im Walde an der Grenze zur Staatsjagd. Auch hier stand mit Steinen durchsetzter Sandboden an. Der Grubenrand war an der oberen Kante gespickt mit Röhren eines lang gestreckten Baues. Zwei weitere voneinander unabhängige Baue schlossen sich an. Der lichte Baumbestand ließ eine gute Übersicht zu, sodass die Schützen günstig angestellt und alle Röhren beobachtet und bestrichen werden konnten. Josef, unser Vogel- und Naturfreund, kein Jäger, der erst an der Schuttkippe zu uns gestoßen war, hatte sich an meine Fersen geheftet, um das Schauspiel am Bau mitzuerleben. Vorsichtig war er, bewaffnet mit einem Rucksack, der als Erste-Hilfe-Ausrüstung mit Dosenbier, Zigaretten und Süßigkeiten bestückt war, rückwärts von mir hinter einer starken Kiefer in Deckung gegangen, nachdem ich ihm versichert hatte, nicht in seine Richtung zu schießen.

Nun kann es also losgehen! Still stehen wir auf unserem Stand, als Trixi, unsere Teckeline, mit dem aufmunternden Kommando „Such den Fuchs" in die erste Röhre geschickt wird.

Es dauert eine gute Weile, bis die Hündin am Rande der Sandgrube wieder auftaucht, um sofort erneut einzuschliefen. Sollten wir beim zweiten Bau mehr Glück mit den Füchsen haben? Fast schon eine Viertelstunde arbeitet der Hund im Bau. Hin und wieder bin ich versucht, den Sicherungsschieber meiner Flinte zu betätigen, um schnellstens schussbereit zu sein. Es liegt was in der Luft!

Auch mein Garten- und Vogelfreund Josef scheint sich ein wenig die Füße zu vertreten. Ganz verhalten krispelt und kraspelt es hinter mir. Langsam drehe ich mich zur Seite und rufe lauthals „Fuchs!". Josef steht hinter mir mit hochgezogenen Schultern und blickt wie das Kaninchen auf die Schlange zu einem neben ihm schleichenden kapitalen Fuchs hinunter. Wie eine Rakete zischt der Fuchs an Josef und mir vorbei in Richtung Bau.

Mein erster Schuss, sozusagen aus der Hüfte, prasselt hinter ihm her. Die Garbe trifft nicht; dafür fliegen Rindenstücke von einem Kiefernstamm. Der Fuchs wird nun noch schneller und dreht ab, als unser Hundeführer Karsten ihm, ebenfalls ohne zu treffen, einen bleiernen Gruß hinterherschickt. Um das Maß voll zu machen, jage ich dem hochflüchtigen Rotrock noch eine Patrone aus dem zweiten Lauf meiner Flinte nach, von Josef, meinem Hintermann genau beobachtet. Sein Kommentar nach überstandener Aufregung: Der Fuchs ist kerngesund davongekommen; aber die Jäger scheinen augenkrank zu sein! Diesen Vorwurf müssen wir uns gefallen lassen. Vorsorglich lassen wir Trixi, die jetzt wieder aus dem Bau aufgetaucht ist, auf der Fluchtfährte nachsuchen. Aber es gibt keine Anzeichen dafür, dass Reineke bei der Kanonade etwas abbekommen hat. Sein rätselhaftes Auftauchen von rückwärts in den Kreis der angestellten Schützen bleibt für uns alle mehr oder weniger ein Rätsel. Als plausible Erklärung ließen wir lediglich gelten, dass der Rotrock durch die verführerischen Düfte aus Josefs Rucksack angelockt worden sein könnte. Aber noch ist die Jagd nicht zu Ende! Der dritte Fuchsbau in unserem Revier, in einem kleinen Wäldchen in der Feldflur gelegen, ist unser nächster Anlaufpunkt. Auf dem Weg dorthin liegt dicht an einem Wirtschaftsweg ein gewaltiger Wellblechschuppen. Hoch aufgetürmt sind daneben Strohballen der letzten Ernte gestapelt. Hubertus, der schon manches Mal einen ausgezeichneten Spürsinn bewiesen hat, kommt auf die Idee, den Hund in diesem Labyrinth zwischen den Ballen suchen zu lassen. Wir tun ihm den Gefallen und stellen uns für alle Fälle an den Seiten auf.

Trixi sucht fleißig, streckt hier und da die Nase heraus. Aber es zeigt sich sonst nichts. Selbst die hier regelmäßig streunende schwarz-weiße Katze ist nicht zu Hause. Wir haben hier im offenen Feld noch einmal Verstärkung erhalten. Enkelsohn Fabian und sein elfjähriger Freund Sebastian sind zu uns gestoßen und inspizieren das Innere der Wellblechhütte. Mit Knüppeln bearbeiten sie die Blechwände; es donnert und scheppert, weithin hörbar, sodass die Hunde im Dorf lauthals anschlagen.

Lassen wir den beiden Jungen ihren Spaß! Wir bummeln inzwischen mit entladenen Flinten auf dem asphaltierten Wirtschaftsweg dem nahen Fuchswäldchen, einem Feldgehölz, zu, um den dritten und letzten Fuchsbau im Revier zu revidieren. Karsten, unser Hundeführer, ist mit seiner Trixi und den beiden Jungen zurückgeblieben. Trixi hat offenbar Freude bekommen, das Innere der Wellblechhütte gemeinsam mit Fabian und Sebastian auf den Kopf zu stellen. Etwa hundert Meter haben wir uns von dem Schuppen entfernt, da bleiben wir wie gebannt stehen. „Fuchs, Fuchs, Fuchs!", schreien hinter uns Karsten, Fabian und Sebastian im

Chor. Während bei den Jägern die Flinten von den Schultern fliegen, schaue ich ungläubig zur Hütte zurück. Da steht das Trio und deutet vor dem offenen Hüttentor in Richtung Kirchturm des Nachbardorfes.

Und dann sehen wir ihn, den Fuchs, der in schneller Flucht sein Heil über die Wiesen hinweg sucht. Viel zu weit für uns, um in das Geschehen eingreifen zu können.

Auch Karsten hat seine Trixi zurückgerufen und verfolgt von der Hütte aus das Intermezzo. Reineke ist inzwischen in etwa vierhundert Metern Entfernung über die Reviergrenze gewechselt, um dann mitten in einer Wiese, wie vom Erdboden verschlungen, urplötzlich zu verschwinden.

Wir schauen uns mit umgehängter Flinte dumm an. Das ist also die zweite Panne bei unserer heutigen Fuchsjagd! Nur Hubertus, unser angehender Jungjäger mit der Spürnase, findet schnell die Sprache wieder und erklärt: „Jetzt will ich aber wissen, wo der Fuchs geblieben ist!" Und er setzt sich in Marsch auf den Punkt zu, an dem der Fuchs verschwunden ist. Als er kurz vor der Grenze angekommen ist, folgt Trixi, die Leine hinter sich herziehend, Hubertus in voller Fahrt. Die Trillerpfeife von Karsten stößt in diesem Moment auf taube Ohren. Das kann ja heiter werden! Der Hund ist jetzt bei Hubertus angelangt. Als der die Leine aufnehmen will, macht er sich selbstständig und stürmt davon. Jetzt müsste er an der Stelle des Verschwindens von Reineke angekommen sein. Und nun springt auch Hubertus hinter ihm her. Vor unseren Augen ist auch Trixi jetzt verschwunden, während Hubertus weiter über die Wiese stolpert. Jetzt stoppt er und beugt sich, im Fernglas gut zu beobachten, an der verwunschenen Stelle des Verschwindens von Fuchs und Hund nieder. Die wildesten Vermutungen tauchen bei uns auf. Mein Neffe Hermann, der noch nachgebummelt kam, findet eine bemerkenswerte Erklärung: Es muss so etwas wie ein Bermuda-Dreieck, einen Ort für unerklärliches Verschwinden, geben!

Wir beobachten weiter und kommen aus dem Staunen nicht heraus. Jetzt fegt Hubertus über die Wiese, als ob er von der Tarantel gestochen sei, um sich etwa dreißig Meter weiter zu bücken und dann wie ein Ziegenbock zur Seite zu springen. Und zu allem Überfluss wirft er nun auch noch seinen Hut durch die Gegend!

Das alles lässt sich mit dem Fernglas, das von Hand zu Hand wandert, gut beobachten.

Da! Unser Fuchs ist wieder in der Wiese, in voller Flucht in Richtung Nachbardorf, um dann einen großen Bogen zu schlagen und zu uns ins Revier zurückzukehren – zu seiner Wellblechhütte! Jeder Fuchs liebt seinen Bau.

Wie recht er hat! Denn dort ist es inzwischen für ihn völlig ungefährlich, weil Karsten, Fabian und Sebastian ihren Platz dort verlassen haben und Hubertus und Trixi nachgeeilt sind.

Jetzt hat Reineke die Hütte erreicht, verhofft kurz, um dann über den Wirtschaftsweg hinweg aus unserem Blickfeld zu verschwinden.

Das alles spielt sich bei strahlendem Sonnenschein wie auf einer Panorama-Leinwand ab. Inzwischen sind auch Hubertus und Trixi auf dem Rückweg. Alles strömt ihnen entgegen. Fragen über Fragen überschütten Hubertus. Und dann berichtet er:

Der Fuchs hatte sich in einer etwa dreißig Meter langen Betonröhre der Wiesenentwässerung versteckt. Trixi hat sofort Laut gegeben und den Fuchs am anderen Ende der Röhre herausgedrückt. Der Veitstanz von Hubertus spielte sich in dem Moment ab, als Reineke durch die Beine von Hubertus hindurch das Weite suchte. Der hinterhergeworfene Hut war zwar ein glatter Treffer, aber ohne Wirkung! Nur mühsam war Ruhe und Ordnung in der heiteren Runde wiederherzustellen. Aber schließlich sind solche Erlebnisse auch nicht alltäglich. Den dritten Fuchsbau im Fuchswäldchen nahmen wir zwar noch mit; die Röhren waren offen, machten aber keinen befahrenen Eindruck. Trixi, die uns allmählich missbilligende Blicke zuwarf, weil wir nach ihrer Meinung alle vorkommenden Füchse schonten, machte uns schnell klar: Kein Fuchs! Kein Interesse!

So zogen wir also heimwärts, zwar ohne Beute, dafür mit Erlebnissen, die diese Fuchsjagd unvergesslich machten. Das Licht in der Dorfschenke, in der wir uns niederließen, um Nachlese zu halten, ging in dieser Nacht sehr spät aus. Immerhin hatten wir das Rätsel gelöst. Und Vogelfreund Josef, der erklärtermaßen den Fuchs an der Schuttkippe durch verführerische Düfte aus seinem Rucksack angelockt hatte, gestand, dass tatsächlich noch eine nur für ihn bestimmte Mettwurst in der untersten Ecke seines Rucksackes verborgen gewesen sei.

Er gestand auch, dass er den Fuchs bereits beim Anschleichen längere Zeit beobachtet, sich aber nicht getraut habe, Laut zu geben. Ungeklärt blieb, ob diese Unterlassung aus Furcht vor dem Fuchs oder aus Angst vor den Schroten der Jäger zustande gekommen war. Der Held des Tages war eindeutig Hubertus. Noch in der Nacht haben wir für einen neuen Hut gesammelt, damit er zukünftig treffsicherer mit seiner Kopfbedeckung umgehe!

Wenn es Nacht wird im Revier

Still ist's in Wald und Flur geworden.
Der Wind streicht raschelnd durch den Mais.
Ein heller Stern steht hoch im Norden;
Polarstern heißt er, wie man weiß.

Und ringsherum noch tausend Sterne
als Zeichen der Unendlichkeit.
Und irgendwo in weiter Ferne
unfassbar groß – die Ewigkeit.

Voll Demut schau empor zum Himmel
wo tausend Sonnen sich verbergen.
Die Erde hier, auf der wir leben,
sie zählt im All nur zu den Zwergen.

Im unermessenen Weltenraum
schwebt sie als Stäubchen durch die Zeit.
Die Zeit – sie ist ein kurzer Traum
der grenzenlosen Ewigkeit.

Begreife, Menschlein, Deine Schwäche!
Wenn Du's nicht kannst, dann ahne sie.
Die Ewigkeit, von der ich spreche,
Die Ewigkeit begreifst Du nie.

Immer am Karfreitag

Es gibt Tage, an denen Diana es besonders gut mit den Jägern meint. Für mich war ein solcher Glückstag ohne Zweifel der Karfreitag. Seit drei Jahren war es mir gelungen, an diesem Tage an gleicher Stelle erfolgreich auf Schwarzwild zu sein. Zwei rechtwinklig zueinander verlaufende Schneisen mitten in einer sumpfigen Dickung wurden von den Sauen wegen der dort befindlichen Suhle mit Vorliebe besucht. Zwei Hände voll Mais, zwischen den Steinen verstreut, veranlassten die Sauen, mit Vergnügen nächtlicherweise jeden einzelnen Stein umzudrehen und nach Fraß zu suchen. Die Suhle auf der zweiten Schneise tat als Anziehungspunkt ihr Übriges. Der morastige Boden, knöcheltief mit Schlamm bedeckt, wurde von den wilden Schweinen immer wieder durchgewühlt. Die Schalenabdrücke im Matsch der Suhle verrieten uns die ungefähre Zahl und Stärke der hier „verkehrenden" Stücke. Aber auch der Zeitpunkt der nächtlichen Besuche war uns durch eine selbst gebastelte Wilduhr bekannt.

Drei Überläufer waren in den letzten drei Jahren an dieser Stelle jeweils am Karfreitag zur Strecke gekommen. Die Erklärung dafür, warum gerade stets am Karfreitag, war und ist schnell gefunden. Ostern ist bekanntermaßen ein sogenanntes bewegliches Fest, das in Abhängigkeit vom Vollmond kalendermäßig festgelegt ist. Der erste Sonntag im Frühling ist nach dem vorausgehenden Vollmond nun einmal für das Osterfest reserviert. Folglich herrschen am Karfreitag stets gute Mondverhältnisse. Und Erfolge beim Nachtansitz auf Sauen sind nun einmal von den Mond- und Lichtverhältnissen besonders abhängig. Auch in diesem Jahr schienen alle Voraussetzungen für einen weiteren Jagderfolg gegeben zu sein. Auf der Schneise standen frische Trittsiegel von Sauen. Der Himmel war nur gering bewölkt. Was also lag näher, als auch an diesem Karfreitag einen Nachtansitz zu wagen?

Am Vormittag hatte ich die altgediente Kanzel am Kopfende der Suhlen-Schneise so weit instandgesetzt, dass ein einigermaßen erträglicher Nachtansitz möglich sein musste. Zu viel Lärm durfte dabei nicht verursacht werden, denn dagegen sind die Sauen bekanntlich sehr empfindlich. Die Negativwirkung der unvermeidlichen Ruhestörung versuchte ich mit zwei Händen voll Mais, auf der Schneise verteilt, auszugleichen. So vorbereitet ließ ich dann den Platz bis zum Abend in seiner ursprünglichen „Waldeseinsamkeit" zurück, um in einem entfernt liegenden Revierteil die dringend notwendigen Reparaturen an Kanzeln und Ansitzleitern durchzuführen.

Am frühen Nachmittag zog ich mich durchgefroren in wärmere Gefilde, nämlich in die gemütliche Gaststube meines Dorfwirtes zurück. Um den geplanten Nachtansitz gut durchzustehen, verschanzte ich mich in der Ecke neben dem Kamin mit den knisternden Holzscheiten, damit ich mich „auf Vorrat" durchwärmen konnte. Beim deftigen Abendbrot, mit einem guten Schoppen Wein gewürzt, kehrten die Erinnerungen an die letzten drei Jahre zurück.

Ja, wie war das doch noch im Einzelnen! Letztes Jahr hatte ich das Glück gehabt, an der bekannten Suhle auf der Dickungsschneise einen Überläufer bei Tageslicht zu erlegen. Als ich mich vor Einbruch der Dämmerung auf der Kanzel einrichtete, knackte es derbe in der Dickung. Eine Bache mit einem Überläufer, deutlich zu unterscheiden durch Größe und Färbung, standen urplötzlich am Rande der Suhle. Die beiden Stücke machten sich mit Grunzen und Quieken den Fraß streitig.

Viel Zeit blieb ihnen dazu nicht, denn der peitschende Knall meiner 7 x 64 bannte den Überläufer an seinen Platz. Während die Bache im Unterholz prasselnd davonstürmte, endete auf der Schneise das schwache Schlegeln des Überläufers. Den anstrengenden Nachtansitz beziehungsweise eine schwierige Nachsuche konnte ich mir in diesem Jahr ersparen. Als es dunkel wurde hing das Stück bereits aufgebrochen in der Jagdhütte, begutachtet von den aus dem Walde heimfahrenden Bauern, die dankbar für jeden erlegten Schwarzkittel, der in ihren Feldern nicht mehr zu Schaden geht, waren.

Viel schwieriger war die Karfreitagsjagd vor zwei Jahren gewesen, als ich erst um Mitternacht zum Schuss kam. An diesem Abend war der Boden leicht gefroren. Auf den Wasserpfützen der Suhle hatte sich eine leichte Eisschicht gebildet; mit Einbruch der Dämmerung sanken die Temperaturen noch weiter. Als der Mond zum Vorschein kam, glitzerte es silbrig an Ästen und Zweigen.

In einer Kanzelecke vergraben hatte ich Stunden in der Kälte zugebracht, bis kurz vor Mitternacht Geräusche von brechendem Eis mich aufschreckten. Da waren sie, meine erwarteten Schwarzkittel! Unruhig huschten behänd zwei, drei Stücke über die Schneise und durch die Suhle. Das zerbrechende Eis klang wie splitterndes Glas. Es war nicht schwer, einen Überläufer auszumachen, der langsam breit vor dem Hochsitz herzog.

Das Klicken des Stechers meiner Büchse ließ ihn kurz verhoffen. Zu spät für eine Flucht! Voll drauf stand der Zielstachel meines Zielfernrohres, als der Schuss brach und das Mündungsfeuer mich kurz blendete. Prasselnd im Unterholz ging der Überläufer flüchtig ab. Aber Gott sei Dank endete das Fluchtgeräusch nach ein paar Metern. Das konnte nur bedeuten, dass die Sau lag.

Eine Viertelstunde lang hatte ich mich noch mit Zweifeln gequält, bevor ich abbaumte und den Anschuss untersuchte. Im schwachen Schein meiner Taschenlampe waren deutliche Spuren zu erkennen. Mit den Vorderläufen war die Sau über die Schneise gerutscht. Die Rutschspur endete am Rande der Schneise. Schweiß färbte den Boden. Der Schuss saß im Leben. Als ich die Fichtenzweige am Dickungsrand auseinanderschob, klebte frischer Schweiß an meinen Händen. Im Schein der Taschenlampe war in etwa fünf Metern Entfernung ein dunkler, borstiger Wildkörper zu erkennen. Da lag mein Überläufer und gab kein Lebenszeichen mehr von sich.

Heilfroh über den erfolgreichen Ansitz und über die ersparte Nachsuche, die allenfalls am anderen Morgen hätte erfolgen können, trat ich den Heimweg an, nachdem ich das Stück aufgebrochen und an die Leiter meiner Kanzel gehängt hatte. Der Abtransport hatte bis zum Tagesanbruch Zeit. Glücklich und zufrieden steuerte ich auf dem abschüssigen Waldweg meinem Jagdwagen entgegen.

Da passierte mir ein Missgeschick, das schon manchen einsamen Waldjäger in Not und Gefahr gebracht hat. Auf einem gefrorenen Ast, der auf dem Wege lag, rutschte ich aus und schlug der Länge nach hin.

Mein ganzes Sinnen war darauf gerichtet, die nach vorn über die Schulter gehängte Büchse zu schützen. Dabei schlug ich mit dem linken Ellenbogen und dem linken Handrücken, die Waffe in der Hand haltend, auf einen kantigen Stein. Wie elektrisiert durchzuckte mich ein betäubender Schmerz.

Die umgeknickten Fußgelenke schmerzten, die geprellten Knie brannten. Ich war nur noch von dem Gedanken beseelt: Hoffentlich ist nichts gebrochen! Wie betäubt lag ich am Boden, beschienen vom Mond, und bewegte ganz vorsichtig Glied für Glied. Langsam ließ der Schmerz nach. Nur der linke Arm und die linke Hand waren noch gefühllos. Als ich den Handschuh abstreifte, bemerkte ich bereits eine starke Schwellung des Ringfingers. Es gelang mir mit Mühe, den Ring abzustreifen, bevor der Finger gewaltige Dimensionen annahm. Unter Ächzen und Stöhnen raffte ich mich schließlich auf und humpelte mit zusammengebissenen Zähnen bis zu meinem Fahrzeug. Erschöpft sank ich auf den Fahrersitz und malte mir erst jetzt aus, was geschehen wäre, wenn eine Verletzung mich gehunfähig gemacht hätte. Seit diesem nächtlichen Malheur habe ich mir angewöhnt, bei jedem Ansitz bei meinem Gastwirt eine Nachricht über meinen Verbleib und über den ungefähren Zeitpunkt meiner Rückkehr zu hinterlassen. Noch mehrere Wochen quälte mich infolge des Sturzes eine schmerzhafte Nervenentzündung. Auch dieses Missgeschick gehört zu meinen Erinnerungen an meine Karfreitag-Sauen.

Ja, so war das damals. In meinen Erinnerungen kramte ich weiter. Und wie war das vor drei Jahren am Karfreitag?

Da hatte ich ein schönes Stück Arbeit leisten müssen, nachdem ich einen fünfunddreißig Kilogramm schweren Überläufer bei gutem Mondlicht mit einem Schuss durch die Federn an den Platz auf der Schneise bannte und erst mit dem Nachschuss das Stück zur Strecke brachte.

Ehrgeizig wie ich war, wollte ich das Stück aus dem Walde bis zur Hütte schleifen. Ein zweites Mal würde ich diesen Versuch nicht unternehmen. Ein Schlitten aus abgehackten und zusammengebundenen Fichtenzweigen sollte mir die Arbeit erleichtern. Auf dem ersten Teilstück des abwärts führenden Pfades ging der Transport ohne Schwierigkeiten vonstatten.

Aber dann! Baumwurzeln und Steine bremsten meinen Schlitten mit seiner Fracht in Gestalt des erlegten Überläufers, der zunehmend schwerer wurde. Stück für Stück entledigte ich mich meiner Ansitzkleidung, um damit den Schwarzkittel zu bedecken, der sich mitsamt meiner abgelegten Bekleidung ziehen ließ. Aber genau genommen: Eigentlich wollte mein Überläufer das gar nicht; der da ziehen wollte, das war ich! Der Schweiß floss in Strömen, aber aufgeben wollte ich nicht. Gegen Mitternacht erreichte ich mit meiner Fracht, patschnass geschwitzt, die Jagdhütte. Ich war allein in der Jagd und konnte keine Hilfe erwarten. Zum Auskühlen schob ich das aufgebrochene Stück in die Hütte und mich selbst zum Abkühlen in den Jagdwagen. Möglichst rasch steuerte ich meinen Gasthof an, um unter der warmen Dusche die Strapazen zu vergessen. Heute würde ich solche Anstrengungen nicht mehr auf mich nehmen.

Apropos heute! Es wurde Zeit, meine Träumereien von vergangenen Karfreitagsansitzen zu unterbrechen. Die Wirklichkeit hatte mich wieder, als ich meinem Wirt erklärte, dass ich heute Nacht auf der Kanzel an der Suhle einmal wieder mein Glück auf Sauen versuchen wollte. Sein Waidmannsheil bei der Verabschiedung klang überzeugend ehrlich. In der aufkommenden Dämmerung trat ich mit meinem Jagdwagen die Fahrt zur Dickungskanzel an.

Unter einem Berg von Ansitzzeug lagen auf dem Rücksitz, gut verstaut, Büchse und Nachtglas. Die Temperaturen schwankten um den Gefrierpunkt herum, sodass ich vorsorglich meine Pelzmütze eingepackt hatte. Immerhin sollten mir die Ohren in der bevorstehenden Nacht nicht abfrieren. Ungefähr einhundert Meter vor dem Anfang des Pirschpfades zu der Ansitzkanzel ließ ich den Wagen mit abgestelltem Motor auslaufen. Eingepfercht in mein Ansitzzeug, die Büchse und das Glas umgehängt, wurde mir auf dem Pirschpfad zur Kanzel bereits mächtig warm. Als ich auf halbem Weg eine Verschnaufpause einlegte, stieg der Mond gerade über die Baumwipfel. Im milchigen Mondlicht erreichte ich ohne Störung die Kanzel.

Die Schneise davor war blank. So geräuschlos wie möglich kroch ich auf der stabilen Leiter nach oben in die Kanzel und atmete erst tief wieder durch, als die Kanzeltür hinter mir geschlossen war. Die Schießklappen hatte ich bereits am Vormittag offengestellt.

Bei der gesamten Aktion bin ich leicht in Dampf geraten. Die Brillengläser beschlagen, als ich mich auf der Sitzbank niederlasse. Um mich etwas abzukühlen, öffne ich den schweren Ansitzmantel. Aber nach einer Viertelstunde ist es an der Zeit, die Verpackung wieder dichtzumachen und den Mantelkragen hochzuschlagen. Das Mondlicht nimmt zwar zu, dafür nimmt die Außentemperatur ab. Unterdessen kreisen meine Gedanken einmal mehr um meine Karfreitagserlebnisse auf dieser Schneise in den letzten Jahren. Hin und wieder ist ein leiser Luftzug zu verspüren; ein leises Rauschen geht durch den Wald. Und dann spüre ich einen gelinden Schlag gegen meine linke Schläfe. Ich bin kurz eingeschlafen, wobei mein Kopf gegen die Bretterwand der Kanzel fällt. Ich reiße die Augen auf und brauche einen Moment, um mich in der Kanzel zurechtzufinden. Ein Blick auf die Uhr verrät mir, dass ich nicht länger als zehn Minuten im Reich der Träume versunken war. Die nächste halbe Stunde vergeht ohne besondere Vorkommnisse.

Nach einer weiteren Viertelstunde habe ich den Eindruck, dass unter meiner Kanzel ein leises Knacken zu hören ist. Nur einmal, dann ist wieder Stille. Ich strecke vorsichtig den Kopf aus der

Schießluke, um besser hören zu können. Sicht nach unten habe ich nicht. Als alles ruhig bleibt, verkrieche ich mich wieder in meiner Kanzelecke und beobachte die Schatten auf der Schneise. Sie sind alle längst bekannt. Keine Bewegung ist zu erkennen.

Und wieder vergeht eine halbe Stunde, während mir langsam mein Hinterteil vom unbeweglichen Sitzen wehtut. Als ich meine Position verändere, machen meine Stiefel auf dem Holzboden der Kanzel ein schwaches, dumpfes Geräusch. Zur gleichen Zeit knackt es jetzt deutlich, wie vorhin an gleicher Stelle, unter meiner Kanzel. Sollte sich da doch etwas anbahnen?

Und erneut knackt es! Dort unten muss sich etwas bewegen. Ich sitze starr vor meiner Schießluke und schau mir die Augen aus dem Kopf. Jetzt ist das Knacken links von mir unmittelbar am Dickungsrand zu hören. Dann Stille!

Aber jetzt! Ein großer dunkler Klumpen schiebt sich aus den Fichten langsam und lautlos auf die Schneise. Aufgeregt und zugleich enttäuscht lehne ich mich zurück. Es ist ohne Zweifel eine Sau, die sich dort bewegt; aber was für eine! Das kann von der Größe her nur ein Keiler oder eine starke Bache sein. Und beide haben Schonzeit.

Ich nehme das Nachtglas zur Hand, und beim Blick auf den dunklen Klumpen geschieht ... ein Wunder! Der Klumpen teilt sich gerade! Und die beiden auseinanderdriftenden Stücke sind ... zwei Überläufer. Ich bin jetzt absolut ruhig. Die Spannung von vorhin ist von mir gewichen. Den Büchsenlauf schiebe ich durch die Schießluke und visiere den ersten Überläufer an. Der steht gerade spitz von vorn auf mich zu. Zehn Schritte weiter steht der zweite Überläufer breit vor der Suhle. Anvisieren, Stechen und ...

Als der Schuss bricht, habe ich das Gefühl, als sei die Büchse leicht verrutscht. Das Mündungsfeuer blendet mich. Trotz Mondschein kann ich die Wirkung meiner Kugel nicht erkennen. Ich kneife die Augen zu, um dann mit dem Nachtglas die Schneise abzusuchen. Die beiden Überläufer sind verschwunden. Nichts bewegt sich. Vor der Suhle ist in fünfzig Metern Entfernung eine flache Erhebung zu erkennen. Die war vorhin noch nicht dort! Ist es meine Sau? Eine Bestätigung für meine Vermutung bringt auch der angestrengte Blick durch das Glas nicht.

Noch hocke ich voller Ungewissheit zehn Minuten auf meiner Kanzel. Dann überwältigt mich die Neugierde und das dringende Bedürfnis, meine Blase zu entlasten – und ich baume ab. Je näher ich der ominösen Erhebung vor der Suhle komme, desto mehr nimmt diese die Gestalt eines Schwarzkittels an. Noch ein paar Schritte und ich stoße mit dem Büchsenlauf gegen den leblosen Wildkörper meines Überläufers. Keinen Schritt hat er mehr getan. Was mich verwundert, ist der Umstand, dass kaum Schweiß zu finden ist. Wie sich herausstellt, hat die Kugel infolge Hochschuss das Rückgrat der Sau zerschmettert. Der Überläufer hat den Knall nicht mehr gehört.

Es ist fast Mitternacht, bis ich das Stück versorgt, für alle Fälle verwittert und verblendet habe, um es morgen, am Karsamstag, aus dem Walde zu holen. Bis dahin mag es auskühlen.

Auf dem verschlungenen Pirschpfad zurück zum Wagen, erhellt vom milchigen Mondlicht, lasse ich gedanklich die Ereignisse dieser Nacht noch einmal Revue passieren. Mein Resümee: Sauen? – Karfreitags immer!

Karsamstagsbad mit neuer Duftnote

Gut ausgeschlafen trieb es mich nach einem opulenten Frühstück in den Wald. Nachdem ich den in der letzten Nacht gestreckten Überläufer mithilfe meines Jagdaufsehers von der Schneise im Wald abtransportiert hatte, genoss ich glücklich und zufrieden den Tag und fand Zeit genug, um noch einige Vorbereitungen für das Osterfest zu treffen. Ostern sollte die Jagd ruhen; ich wollte mir genussvoll Zeit für die Familie, Frau, Tochter, Schwiegersohn und Enkelkinder nehmen.

Dieser gute Vorsatz und die Tatsache, dass in der gestrigen Karfreitagsnacht auf der Schneise an der Suhle nur ein Überläufer von zweien zur Strecke kam, berechtigten mich nach meiner Meinung, in der Karsamstagsnacht noch einmal Intensivjagd auf Sauen zu betreiben. Noch einmal wollte ich mein Glück auf der Schneise an der Suhle versuchen. Nach Aufbietung meiner gesamten Überredungskünste erhielt ich schließlich die Absolution durch meine Frau, als ich mich am Karsamstagabend zum bereits berüchtigten Nachtansitz rüstete. Hoch und heilig musste ich allerdings versprechen, dass ich als zivilisierter Mensch am Ostersonntag meinen Jagdanzug gegen den guten Sonntagsanzug vertauschen würde.

Wie recht meine Frau mit dieser Forderung hatte! Sozusagen schicksalhaft war mir dieser Kleiderwechsel vorherbestimmt. „Kismet" würden die Mohammedaner sagen.

Gut ausgerüstet zog ich am Abend los. Dieses Mal setzte ich mich auf die Osterleiter, die am anderen Ende der beiden rechtwinklig zueinander verlaufenden Schneisen stand. Am Kreuzungspunkt der Schneisen lag die Suhle. Eingebaut in eine mächtige Buche, bot der Sitz einigermaßen Schutz gegen Witterungseinflüsse.

Die Osterleiter war gewissermaßen unsere „Wechselstellung", wenn zuvor von der Kanzel am Ende der anderen Schneise geschossen worden war. Bequemer und angenehmer für den Nachtansitz war natürlich die Kanzel, von der aus ich in der vergangenen Nacht den Überläufer streckte.

Ein zweites Mal wollte ich diesen Platz nicht beziehen. Nach der Wahrscheinlichkeitsrechnung war dort heute Nacht kein Erfolg zu erwarten.

Ich hatte mir einen Pullover mehr als in der vergangenen Nacht angezogen, um den fehlenden Kälteschutz gegenüber dem der geschlossenen Kanzel auszugleichen. In meinem Ansitzzeug saß ich, gut geschützt und gewärmt, auf dem feuchten Sitzbrett, im Rücken den mächtigen Stamm der Buche. Die Waffe lag geladen und gesichert auf der Schießleiste in Richtung Suhle, um beim eventuellen In-Anschlag-Gehen unnötige Bewegungen zu vermeiden. Die Lichtverhältnisse waren ausreichend, um im starken Nachtglas auftauchendes Wild erkennen zu können. Nun brauchten sie nur noch zu kommen, die schwarzen Gesellen!

Je länger ich an diesem Abend sitze, desto größer wird meine Ungeduld. Ob es wirklich Sinn hat, in zwei aufeinanderfolgenden Nächten an gleicher Stelle auf Jagdglück zu hoffen? Doch dann spreche ich mir wieder Mut zu. Ausdauer ist der halbe Jagderfolg! Wie war das doch gestern Nacht? Auch da waren mir Zweifel am Erfolg gekommen. Also abwarten!

Inzwischen liegt die Schneise im schwachen Mondlicht zu meinen Füßen. Wo mein zweiter Überläufer der vergangenen Nacht wohl abgeblieben ist?

Gedanklich ergreife ich jetzt für den so sehnlich erwarteten Schwarzkittel Partei. Das müsste ja wohl ein instinktloses Stück sein, wenn es sich zum zweiten Mal an gleicher Stelle der tödlichen Gefahr aussetzen würde, von einem Nachtjäger erlegt zu werden. Besteht die Kunst des Jagens nicht darin, mit menschlicher Intelligenz das Instinktverhalten des Wildes vorauszuahnen?

Und meine Ahnung besteht heute Nacht nach vierstündigem Ansitz darin, dass ich umsonst meinen Schlaf opfere. Es geht auf dreiundzwanzig Uhr zu, als ich fröstelnd den Kragen meines Ansitzmantels schließe. Zu allem Überfluss poltert ein Bodenbrett meines Leitersitzes zu Boden. Ein Stück Rehwild schreckt. Das reicht!

Ich gebe meinen Ansitz auf. Es stört mich nicht, dass das Entladen der Büchse ein verräterisches metallisches Klicken erzeugt. Trotzdem vermeide ich beim Abstieg auf der Leiter unnötigen Lärm. Schließlich wirkt sich jede nächtliche Störung im Walde nachteilig für das Revier aus.

Als ich am Fuß der Leiter ankomme, stoße ich gegen einen Plastikeimer voll Mais, den mein Jagdaufseher dort deponiert hat. Das bringt mich auf den Gedanken, den Schwarzkitteln zu Ostern noch etwas Gutes zu tun und den Mais in der Suhle zu verstreuen. Mit umgehängter Waffe stapfe ich, den Eimer in der rechten Hand, auf dem morastigen Boden in Richtung Suhle. Möglichst in der Mitte der Suhle möchte ich die Delikatesse für die Sauen unterbringen.

Die Gummistiefel erzeugen beim Einsinken in den Schlamm ein gurgelndes Geräusch. Es kommt mir vor, als sei die Suhle mit Fliegenleim gefüllt. Die Stiefel kleben förmlich im Untergrund und bleiben stecken, als ich versuche, einen Schritt vorwärts zu tun. Mein rechter Fuß rutscht aus dem Stiefel. Wild balancierend und gestikulierend stehe ich auf einem Bein mitten in der Suhle. Es ist nur noch eine Frage von Sekunden, bis ich das Gleichgewicht verliere und mit rudernden Armen in den undefinierbaren Morast falle.

Es blubbert und quillt rings um mich her. Mit den Händen versuche ich mich abzustützen. Halt finde ich erst, als ich bis zu den Ellenbogen im Schlamm stecke.

Nun ist mir schon alles egal! Das Ansitzzeug saugt sich voll mit dem brakigen Oberflächenwasser der Suhle. Ich stapfe mit einem Gummistiefel an einem Fuß, den zweiten Stiefel in der schlammbedeckten Hand, durch Nacht und Morast und versuche, dem Inferno zu entkommen. Gott sei Dank ist die Büchse nur mit dem Kolben in die Suhle getaucht. Bei dem Versuch, Schlimmeres zu vermeiden, habe ich ein ausgiebiges Schlammbad genommen. Ich komme mir vor wie ein asiatisches Hängebauchschwein, das sich im Schlamm wohlfühlt. Dabei habe ich gar keinen Hängebauch! Nur mein Eimer mit Mais hat sich vorschriftsmäßig verhalten, indem er sich auf die Seite gelegt und seinen Inhalt konzentriert in der Suhle entleert hat.

So stehe ich wie ein begossener Pudel – treffender wie ein frisch gesuhlter Schwarzkittel – auf der vom Mond beschienenen Schneise.

Der Schlamm klebt zäh an Händen und Füßen, Stiefeln und Kleidung. Nur noch ein Gedanke beseelt mich: Heim! Es reicht!

Auf dem Weg zum Jagdwagen beschimpfe ich mich selbst; aber helfen tut das nicht. Schließlich obsiegt der Galgenhumor, als ich mit halbherzigem Lächeln die Wagentür öffne und zunächst die Waffe verstaue. Dann aber ergibt sich ein neues Problem! Wenn ich als Schlammbündel in den Wagen einsteige, dann hat das Wageninnere Ähnlichkeit mit dem Innenleben eines Kanalreinigerfahrzeugs. Gott sei Dank befinden sich im Wagen einige Plastiksäcke, die mir gute Dienste leisten. Aufgeschnitten und auf dem Sitz ausgebreitet gewähren sie wenigstens den Polstern Schutz.

Als ich die Heizung einschalte, beschlagen infolge der Verdunstung meines feuchten, schlammigen Überzuges die Innenscheiben. Dazu steigt mir mit zunehmender Wärme ein sonst nur von Sauen her bekannter Duft in die Nase. Es riecht nach Wildschwein, Moder und vergorenem Mais. Eine penetrante Mischung von Düften! Endlich erreiche ich kurz vor Mitternacht meinen Gasthof, in dem in Zimmer Nr. 3 meine Frau vom bevorstehenden Osterfest träumt. Ganz vorsichtig schleiche ich durch das Treppenhaus nach oben und überlege mir die Grußformel für mein Entree in Zimmer Nr. 3. Die schlammverkrusteten Stiefel lasse ich mit dem verseuchten Ansitzzeug vorsorglich auf dem Flur zurück. Vielleicht gelingt es mir, unbemerkt ins Bett zu schlüpfen? Weit gefehlt! Als ich das Licht einschalte, sitzt meine ehemalige Verlobte hellwach im Bett. Das Poltern auf dem Flur, an das ich mich nicht erinnern kann, hat sie aufgeweckt. Was bleibt mir übrig, als kurz Bericht zu erstatten, wobei ich das Ausmaß des Malheurs bewusst herunterspiele. Allein, was hilft's? Ich muss einen infernalischen Gestank verbreiten. Ich komme des lieben Friedens willen nicht daran vorbei, mich nächtlicherweise vor der Zimmertür auf dem Flur als Striptease-Tänzer zu produzieren. Splitternackt darf ich dann meiner lieben Frau wieder unter die Augen treten, derweil sich vor der Tür ein Haufen übel riechender Kleidung türmt. Und mit liebevollen Blicken und Kommandos werde ich unter die Dusche dirigiert, um eine Viertelstunde lang das prasselnde Nass dazu zu verwenden, die letzten Schlammteilchen aus den heimlichen Ecken und Ritzen meines Körpers zu entfernen.

Der Erschöpfung nahe versinke ich anschließend in einen traumlosen Tiefschlaf. Aber das Osterfest wurde dennoch sehr schön. Viel belacht war ich der Mittelpunkt jagdlicher Gespräche. Was soll's! Im Nachhinein hat das Ganze Spaß gemacht. Und der Aufforderung meiner Frau, an den Ostertagen meinen Sonntagsanzug zu tragen, bin ich gerne nachgekommen.

Madonna der Landstraße

Mitten auf der Kreuzung stand sie um Mitternacht. Himmelblau gewandet, mit einem ihre Lippen umspielenden lieblichen Lächeln, würdevoll und zugleich reizvoll, so bot sie sich den nächtlichen Autofahrern im Scheinwerferlicht dar.

Diese Herausforderung musste Folgen haben. Und das kam so. Mein Jagdaufseher Hubert war am Abend in den Wald gefahren, um auf Rotwild anzusitzen. Ein Trupp, bestehend aus Schmaltier, Alttier und einem jungen Hirsch, war durch Anblick und Fährten bestätigt worden. Am frühen Morgen war das Schmaltier noch an einer Stocksulze gesehen worden, war aber, als das Alttier mahnte, rasch abgesprungen, bevor Hubert die Büchse schussbereit in Händen hielt. Heute Abend wollte Hubert erneut sein Glück versuchen. Vergeblich! Jagdliche Situationen wiederholen sich selten.

Als Hubert die Heimfahrt antrat, war es bereits stockdunkel. Im Scheinwerferlicht flitzte auf dem Waldweg ein Dreiläufer vor seinem Wagen her, um endlich nach hundert Metern zu verschwinden. An der holprigen Ausfahrt auf die Landstraße waren noch eine Ricke mit ihren beiden Kitzen im Scheinwerferlicht abgesprungen. Dann rollte der Wagen auf dem glatten Asphalt der Landstraße in Richtung Heimat.

In vielen Windungen läuft die Landstraße ins Tal. Zur mitternächtlichen Stunde war in dieser Samstagnacht nur geringer Verkehr zu verzeichnen, sodass Hubert mit aufgeblendeten Scheinwerfern die Fahrbahn voll ausleuchten konnte. Bis er an die Strakreuzung mit dem Abzweig zu seinem Heimatdorf kam.

Nach der letzten großen Linkskurve leuchteten unübersehbar vor ihm Stopplichter, Scheinwerfer und Warnblinkleuchten auf.

Ein Pulk von Fahrzeugen blockierte die Kreuzung. Es hatte also einmal mehr an dieser bekannt gefährlichen Stelle gekracht. Hubert, von Beruf Polizeibediensteter, war so ziemlich auf alles gefasst. Nur auf das nicht, was sich ihm nach dem Ausrollen seines Fahrzeugs abseits der Fahrbahn nach Einschalten der Warnblinkanlage darbot. Dicht an dicht standen auf der Fahrbahn unmittelbar vor der Kreuzung drei Personenwagen. Zu dicht, wie sich herausstellte. Splitter von zerbrochenen Scheinwerfergläsern, zersplitterte Rücklichtabdeckungen, eingedrückte Kofferräume verrieten dies deutlich. Der vordere Wagen stand mit voll aufgeblendeten Scheinwerfern auf der Straße – und in deren gleißendem Lichtkegel stand sie, mitten auf der kleinen Verkehrsinsel an der Kreuzung. *Die Madonna!* Umringt von gestikulierenden Männern bewahrte sie in stoischer Ruhe Haltung und strahlte Demut und Würde aus. Zugegeben, sie war im Vergleich zu den kräftigen Gestalten der Autofahrer, Bauernburschen aus der nahen Umgebung, etwas schwach und zierlich anzusehen. Aber das änderte nichts an ihrer Ausstrahlung.

Bevor Hubert sich in das lautstarke Gespräch der beteiligten Unfallfahrer einmischte, schaute er zunächst zweimal hin. Nämlich auf die Madonna. Sie stand im wahrsten Sinn des Wortes wie versteinert auf der kleinen Verkehrsinsel. Ja, sie war wirklich aus Stein, bunt bemalt, wie das bei bayerischen Madonnen so üblich ist. Der erste Fahrzeugführer hatte sie entdeckt und überrascht eine Vollbremsung durchgeführt. Die beiden Hintermänner hatten zu spät ihr Bremspedal betätigt. Gott sei Dank war nur geringer Sachschaden entstanden, der eine gütliche Einigung aller Beteiligten zuließ.

Aber damit war das Auftauchen der Madonna auf der Landstraße noch lange nicht geklärt. Woher stammte sie? War sie wertvoll? Wer hatte sie hierher gebracht?

Am Ende der Beratung wurde der Beschluss gefasst, dass Hubert, als Polizist und benachbarter Anwohner, die Madonna in seine Obhut nehmen möge. Gesagt, getan! Mit vereinten Kräften wurde die steinerne Dame im Kofferraum von Huberts Wagen verstaut, um dann die Kreuzung zu räumen und den mitternächtlichen Ausnahmezustand zu beenden.

Für Hubert allerdings war noch kein Ende in Sicht. Als er endlich Haus und Hof erreichte, wurde er bereits von Ehefrau Maria sorgenvoll erwartet. Um unnötigen Fragen und eventuellen Vorhaltungen aus dem Wege zu gehen, hatte Hubert durch das Vorzeigen des corpus delicti ein wasserdichtes Alibi vorzuweisen, indem er seiner Maria die steinerne Jungfrau Maria im Schlafzimmer an das Bett stellte und dann so knapp wie möglich die zugehörige Geschichte erzählte. Maria I. und Maria II. haben zusammen mit Hubert eine unruhige Nacht verbracht.

Doch damit noch nicht genug! Maria II. blieb bei Maria I. zunächst in Vollpension, während Hubert am anderen Tag den Polizeiapparat in Bewegung setzte, um den Fluchtweg und die Herkunft der Madonna ausfindig zu machen.

Bei allen Pfarreien im Umkreis wurde nachgefragt, ob in der Nacht zum Samstag eine Jungfrau – sprich Madonna – abhanden gekommen sei. Bei manchen Pfarrämtern konnte die Frage zunächst nicht eindeutig beantwortet werden. Erst bei Wiederholung der Frage mit Betonung auf „Madonna" gab es klare Verneinungen. Inzwischen war durch Experten festgestellt worden, dass Maria II keine künstlerisch wertvolle Madonnenfigur darstellte. Und dann kam des Rätsels Lösung bezüglich ihrer Herkunft. Als Teillösung kam sie per Telefon. Im Bildstock „Maria Ehrenwert", an der Auffahrt zur nahen Burgruine, fehlt sie, die Madonna Maria IL. Ungeklärt blieb die Frage, wer die Dame zur nächtlichen Spazierfahrt eingeladen und an der Kreuzung der Landstraße zum Aussteigen veranlasst hatte. Nun steht sie wieder an der gewohnten Stelle, die Madonna. In feierlicher Prozession dorthin geleitet, geschützt hinter starkem schmiedeeisernem Gitter, restauriert und neu bemalt, scheint sie mit tiefgründigem Lächeln noch immer von ihrem aufregenden nächtlichen Ausflug zu träumen.

Verräterische Abwurfstangen im Heidekraut

In unserem Revier gibt es im Walde einen Berghang, der vornehmlich mit jungen Kiefern, Birken und Heidekraut bestanden ist. Man fühlt sich in dieser Heideinsel an Hermann Löns erinnert, wenn im August die Heide blüht. Herrlich träumen kann man dort, wenn im Sonnenschein Bienen und sonstige Insekten summend aus den Millionen Heideblüten den Nektar einsammeln. Es ist noch ein Stückchen heile Welt, um deren Erhalt wir kämpfen.

Gern ziehe ich mich in diese Idylle zurück; nicht um zu schießen, sondern um zu genießen. Eine kleine Ansitzleiter, an die Birken gelehnt, dient mir mehr als Ruhesitz anstatt als Ansitzplatz. Aber gerade dann und dort hat man Erlebnisse, die besonders gravierend sind. Hier entdeckte ich meinen Lebensbock, der sich im Heidekraut unter meinem Leitersitz herschob, und – da ich ohne Waffe nur zum Ausruhen in die „Heide" gezogen war, – meinen bewundernden Blicken entschwand. Unmittelbar unter mir stand der Bock, plötzlich und unerwartet. Sein kapitales Sechsergehörn, dunkel gefärbt und reich geperlt, mit weit ausladenden, weißen Enden, hatte mich fasziniert. Starke, tief liegende Rosen, die ins gelblich gehende Färbung der Decke, verrieten sein Alter.

Stark im Wildbret, war es ein Bock auf der Höhe seines Lebens. Mir kam es vor, als hätte er, hinter einer jungen Kiefer verhoffend, mit einem Auge nach oben geschielt, um seinen Gegner zu taxieren, bevor er davonschlich.

Ein Jahr lang hatte ich den Bock bei allen Bemühungen nicht mehr zu Gesicht bekommen. Zwar glaubte ich, seinen Einstand zu kennen; aber Erfolg brachte es nicht. Wie oft war ich morgens und abends zu meinem Sitz in der Heide geschlichen mit dem Ergebnis, dass mich aus der gegenüberliegenden Insel aus Buchenrauschen ein kurzes, tiefes „Bö!" empfing. Der Bock blieb unsichtbar! Es musste mein Bock sein. Aber im Laufe der Zeit wurde ich unsicher. War es wirklich mein Lebensbock, der dort stand? Wir umschlichen uns wie die Katzen. Kam ich von links, wich das unsichtbare Stück nach rechts aus. Kam ich von rechts, dann drückte sich das Stück mit kurzem „Bö" nach links weg in den Bestand der jungen Kiefern. Sommer und Herbst waren vergangen, ohne dass ich eine Bestätigung dafür erhalten hätte, dass der Bock – *mein* Bock? – noch lebte. Der Winter hatte seinen Einzug gehalten und über Nacht die erste Neue beschert. Es war nicht kalt; der Schnee lag nur wenige Zentimeter hoch.

Mich zog es an diesem Morgen in das verschneite Heidegebiet unseres Waldreviers. Frische Marderspuren liefen vor mir her. Ein Hase hatte seine Visitenkarte hinterlassen. In Höhe meines Beobachtungssitzes stoße ich auf eine starke Rehfährte. Das abgerundete Trittsiegel und die breit stehende Schränkung verraten den starken Bock. Im schneebedeckten Heidekraut zeichnet sich ein Wechsel ab, der in die Buchenrauschen führt. Das alles passt zu *meinem* Bock! Vorsichtig folge ich der Fährte und finde eine Abwurfstange, die aus der leichten Schneedecke ragt.

Jetzt besteht kein Zweifel mehr. Das ist er, mein Lebensbock! Form und Stärke der Abwurfstange verraten ihn. Und schon bin ich in Gedanken dabei, einen Plan für die Bejagung dieses Bockes auszuarbeiten. Aber noch ist Winterzeit und bis zum 16. Mai noch viel Zeit. Als der Schnee geschmolzen ist, zieht es mich wieder in die Heide. Das Heidekraut ist stark beäst. Der Bock hat seinen Einstand gut gewählt. Ich pirsche auf dem ausgetretenen Wechsel in Richtung der Buchenrauschen und finde die zweite Abwurfstange als Passstange zu der ersten. Jetzt besitze ich das komplette Gehörn meines Bockes aus dem Vorjahr, das mir schon jetzt eine gewisse Vorfreude auf die kommende Bockjagd erlaubt. Auf einem Kunstschädel aufgesetzt, schmücken die beiden Stangen meine Trophäenwand. Den Platz daneben lasse ich vorsorglich frei; wer weiß, was im neuen Jagdjahr geschieht? Endlich schreiben wir den

16. Mai! In allen Varianten habe ich meinen Bejagungsplan gedanklich durchgespielt. Um im Dunkeln nicht zu stören, verzichte ich auf den Morgenansitz. Voller Erwartung und frühzeitig begebe ich mich zum Abendansitz in meine Heide. Ich schleiche zu meiner Leiter. Schon vor Tagen habe ich sie inspiziert. Jedes trockene Birkenästchen habe ich aus dem Weg geräumt; kein Knacken soll mich verraten.

Aber es ist wie verhext! Fünf Schritte bin ich noch von der Leiter entfernt, da ertönt das einmalige, tiefe „Bö!" wie im Vorjahr. Innerlich stoße ich wilde Verwünschungen aus, besteige dann aber doch meinen Sitz, um abzuwarten was sich tut. – Nichts tut sich! Bei schwindendem Büchsenlicht gebe ich den Ansitz auf. Doch die Hoffnung gebe ich nicht auf. Irgendwann werde ich den Bock überlisten! Inzwischen schreiben wir den 10. August. Die Blattzeit ist bereits im Abklingen, und mein Bock scheint abgewandert zu sein. In den letzten Tagen habe ich beim Angehen zum Ansitz sein charakteristisches „Bö!" nicht mehr gehört.

Trotzdem lockt die Heide. Etwas wehmütig schiebe ich mich zur Mittagszeit unter einen Birkenbusch, um auszuruhen. Vor mir der aufsteigende Hang mit der blühenden Heide, dahinter die Buchenrauschen. Mir kommt die Melodie in den Sinn: „Wenn abends die Heide blüht, erfasst mich ein Sehnen ..." Heute Abend will ich mein Jagdglück wieder versuchen. Aber bis dahin habe ich noch viel Zeit. In der Ferne schlägt die Kirchturmuhr des Dorfes zwölfmal; es ist Mittag. Da raschelt es in Richtung Buchenrauschen. Am Rande erscheint ein Bock. Er platzt und fegt! Das gibt's doch nicht! Mein Bock, es ist *mein* Bock. Ohne Glas ist er klar anzusprechen. Breit steht er vor den Buchenrauschen; der uneingeschränkte Herrscher in der Heide!

Ich liege bäuchlings im Gras und greife vorsichtig zu meiner am Birkenstamm angelehnten Büchse. Noch kann ich es nicht fassen. Monatelang waren alle Anstrengungen, diesen Bock zu erlegen, vergeblich. Früh morgens und spät abends habe ich auf ihn gewartet. Nun steht er in der Mittagssonne wie eine Zielscheibe breit vor mir. Als ich entsichere und der Stecher klickt, dauert es nur noch eine Sekunde bis zum Abdrücken. Das metallische Anschlaggeräusch des Schlagbolzens ist alles, was zu hören ist. Ich habe in der Eile die zweite Sicherung, die Schiebsicherung, nicht betätigt.

Der Bock wirft auf. Zu spät! Entsichert und erneut gestochen. Er liegt im Feuer. Ein schwaches Schlegeln ist nur ein Reflex. Ein paar Eichelhäher, durch den Schuss aufgeschreckt, suchen ratschend das Weite. Dann ist Ruhe in Wald und Heide.

Ruhe kehrt auch nun wieder bei mir ein. Mein Pulsschlag normalisiert sich. Fünf Minuten warte ich noch, bis ich mich bergauf dem gestreckten Bock nähere. Unverkennbar das prachtvolle Gehörn, das ich in der Form von den Abwurfstangen des Vorjahres her kenne. Eine Nuance schwächer in der Ausladung dürfte es sein; die Enden des Sechsergehörns sind kürzer. Der Bock hat bereits leicht zurückgesetzt. Es ist ein reifer Bock, der mit neun Jahren den Zenit seines Lebens überschritten hat.

Nach dem Aufbrechen verweile ich noch bei dem Stück, das ich in langen Abend- und Morgenstunden mühevoll erfolglos bejagt habe, und das nun dem Jäger zur leichten Beute wurde.

Wir schrieben den 10. August. Es war ein Tag in der auslaufenden Blattzeit. Die alte Jägerweisheit hatte sich bewahrheitet: „Den Bock verwirrt der Sonne Glut ..."

Nachsuche im Labyrinth

Urwaldähnliche Zustände herrschten in einem Teilstück unseres Reviers, das wir „Labyrinth" getauft hatten. Seit zwanzig Jahren war ein etwa zehn Hektar großes Waldgebiet nicht mehr durchforstet worden. Dichtes Unterholz machte ein Eindringen in das grüne Dickicht fast unmöglich. Morsche Birken und umgestürzte Kiefern und Fichten lagen kreuz und quer in dem teilweise morastigen Gelände.

Inmitten dieser Wildnis befand sich eine kleine Lichtung; ein Platz, der vom Rotwild gern aufgesucht wurde. Eine neun Meter hohe Ansitzleiter hatte dort Aufstellung gefunden. Über einen verschlungenen Pirschpfad, der selbst bei Tageslicht Orientierungsschwierigkeiten bereitete, war dieser Punkt zu erreichen. Für die Benutzung des Pirschpfades in der Dunkelheit hatten wir an markanten Punkten Orientierungshilfen angebracht; reflektierende Folienbänder halfen uns, den Weg durch das Dickicht zu finden. Ohne diese Markierung war man hilflos. Dieses Gebiet trug zu Recht die Bezeichnung „Labyrinth". An der Westgrenze zum Labyrinth schloss sich ein Hochwaldgürtel an, ein hervorragender Platz, um das Ein- und Auswechseln von Wild zu beobachten. Hier stand unsere „Angelaschte Leiter", so genannt, weil dort von meinem Vorpächter eine Leiter mit angelaschten Holmen errichtet worden war, die wir inzwischen durch eine neue, höhere Leiter ersetzt hatten.

Auf dieser Leiter hatte Hubert, mein Jagdaufseher, an diesem Abend Position bezogen. Als ich in der Dämmerung ins Revier fuhr, kam Hubert mir auf der Landstraße in voller Fahrt entgegen. Als er mich erkannte, betätigte er wie wild die Lichthupe. Ich stoppte mein Fahrzeug. Hubert stieg aus und kam aufgeregt an meinen Wagen. Er berichtete, soeben auf ein Stück Rotwild – ein Schmaltier – geschossen zu haben.

Das Schmaltier, in Begleitung eines Alttieres, sei durch den lichten Hochwald in das Labyrinth eingewechselt. Kurz vor der Dickungsgrenze habe er das Schmaltier beschossen, das zusammen mit dem Alttier prasselnd in das Unterholz geflüchtet sei. Den Anschuss habe er untersucht, aber keine Schusszeichen gefunden. Hubert war ziemlich ratlos.

Wir beratschlagten kurz, was zu tun sei. Die Dämmerung bot keine ausreichenden Lichtverhältnisse mehr, um ohne künstliche Beleuchtung eine Untersuchung des Anschusses durchzuführen. Es bedurfte keiner großen Überredungskunst, um Hubert davon zu überzeugen, dass es das Beste sei, im Gasthof noch ein Bier zu trinken und dann bei Tagesanbruch mit der Nachsuche zu beginnen. Im Gasthof angekommen, erhalten wir Verstärkung durch einen lieben Bekannten aus dem Ruhrgebiet, den ich zum ersten Mal zur Jagd eingeladen habe. Mein Freund Heinz ist ein feiner Kerl! Er demonstriert dies auch durch sein äußeres Erscheinungsbild. Pikfein, mit schwarzer Elchlederhose, mit erstklassigem Markenhemd und mit Schlips und Kragen war er angereist. Ich konnte nicht ahnen, dass er am anderen Morgen mit eben dieser Edelmontur in den Wald zur Nachsuche ziehen würde. Apropos Nachsuche!

Gesagt – getan. Die Nachtruhe war kurz. Um sechs Uhr trafen wir uns im Frühdunst bei Sonnenaufgang im dampfenden Walde. Die Anschussstelle war von Hubert gut markiert worden. Wir lagen auf den Knien und suchten Stückchen für Stückchen den Waldboden ab. Kein Kugelriss, kein Schweiß, kein Schnitthaar, kein Knochensplitter! Ein Fehlschuss?

Bevor wir diesen Gedanken weiterverfolgen, wollen wir einen Schweißhund einsetzen. Hubert gibt aber noch nicht auf und möchte wenigstens ein paar Meter in die Dickung des Labyrinths eindringen, um dort am Rande nachzusuchen.

Ich lasse mich überreden, beziehe aber vorsorglich die „Angelaschte Leiter", um das eventuelle Auswechseln eines kranken Stückes unter Kontrolle zu haben. Noch habe ich die Büchse nicht auf den Geländerholmen der Leiter abgelegt, da höre ich Hubert rufen: „Hier ist Schweiß!" Schnell arbeite ich mich auf der Leiter wieder nach unten, wo mir Hubert mit einem trockenen Buchenblatt in der Hand entgegenkommt. Zwei dunkelbraune Tröpfchen stehen auf dem Blatt. Leberschweiß!

Jetzt also wird es ernst. Ohne Hund funktioniert eine Nachsuche im Labyrinth nicht. Oberförster Raimund, mit dem Hubert befreundet ist, wird uns sicher helfen. Hubert setzt sich sofort mit Jagdfreund Heinz, der bisher untätig abseits stand, in Bewegung, um den Forstbeamten aufzusuchen, während ich wieder die Leiter beziehe und mir Gedanken mache, wo das kranke Stück abgeblieben sein könnte. Nach knapp einer Stunde sind Hubert und Heinz mit Oberförster Raimund und seinem Ajax, einem erfahrenen Jagdterrier, zurück.

Nach kurzer Einweisung beginnt die Nachsuche. Ajax zieht seinen Führer hinter sich her in das Unterholz. Hubert folgt ihm. Heinz steht, gewandet mit seiner schwarzen Elchlederhose, auf einem Baumstubben und beobachtet den Dickungsrand; ich hocke wieder schussbereit auf meiner Leiter.

Zunächst höre ich noch die leisen Stimmen und das Knistern und Knacken dürrer Zweige. Dann wird es stiller und stiller. Seit fast einer halben Stunde hocke ich nun schon untätig auf meiner Leiter. Kein Laut von Hubert, Raimund oder Ajax zu vernehmen. Die Ungeduld übermannt mich. Ich baume ab, um einen eigenen Kampfplan durchzuführen. Vorab postiere ich meinen Freund Heinz zwanzig Meter weiter am Dickungsrand. Ich kann es nicht verantworten, dass seine edle Kluft Schaden leidet. Aber er ist vollauf passioniert und wirft sich hinter eine starke Kiefer.

Bei der Überlegung, wohin ein krankes Stück ins Wundbett gezogen sein könnte, erinnere ich mich an eine zugewachsene, moosbedeckte und morastige Schneise im Labyrinth. Also schiebe ich mich auf allen vieren in die Dickung und versuche, die ungefähre Richtung zur Schneise hin einzuhalten. Zerkratzt und zerschunden, Knie und Hose patschnass, erreiche ich tatsächlich mein Ziel.

Zwar bin ich etwas zu weit nördlich abgekommen, aber immerhin stehe ich am Anfang der Schneise.

Als ich mich aufrichte, säubere ich zunächst einmal meine Büchse, deren Äußeres beim Kriechen durch das Buschwerk ziemlich gelitten hat. Nach den ersten Schritten sucht mein Blick die freien Stellen der Schneise zwischen dem Buschwerk ab. Die Moospolster, vollgesogen mit Feuchtigkeit, wirken unter meinen Stiefeln wie ein Schwamm. Verschiedene Moosfärbungen von dunkelgrün bis braunrot ergeben ein buntes Bild. Ein besonders üppiges rötliches Polster am Rande erregt meine besondere Aufmerksamkeit. Aber dorthin zu gehen und nachzusehen bedeutet doch nur, rötliches Moos zu finden. Trotzdem! Die paar Schritte machen auch nichts mehr aus. Also stapfe ich los. Mein anvisiertes Moospolster kommt näher, wird erhabener, wird größer. Ungläubig und dennoch fast sicher, dass dies kein Moos ist, bewege ich mich auf den Punkt zu ... und stehe vor dem verendeten Schmaltier! Mitten auf der Schneise, gebettet auf feuchtem Moos, liegt es. Einschuss auf der Leber; kein Ausschuss.

Jetzt erst erinnere ich mich an unser Nachsuchengespann, das irgendwo im Labyrinth unterwegs ist. Mein Rufen verhallt ungehört, sodass ich zu stärkeren akustischen Mitteln in Gestalt meiner Büchse greife. Donnernd rollt der Schuss in den Boden aus der 7 x 64 durch den Wald. Und er zeigt Wirkung!

Im Unterholz höre ich es knacken, vermischt mit kräftigen Flüchen. Und dann steht Freund Heinz neben mir. Um seinen zerschundenen Paradeanzug ist es ewig schade, aber Heinz ist jetzt in seinem Element. Für ihn zählt nur noch das jagdliche Tun. Trotzdem hat er immer noch die Krawatte umgebunden. Im Stillen bewundere ich ihn. Noch etwa zehn Minuten stehen wir allein bei dem gefundenen Stück. Dann knistert und hechelt es in den Büschen. Ajax am Riemen führend, kommen Raimund und Hubert mit ungläubigen Gesichtern auf uns zu. Ich stehe in Siegerpose neben dem Schmaltier mit erhobener Büchse, sodass Huberts bange Frage berechtigt ist: „Hast du das Stück erlegt?" Ich kann ihn trösten; mit einem herzlichen Waidmannsheil überreiche ich ihm den Erlegerbruch ... und erhalte anstelle von Ajax ein Stück für meine Nachsuchenarbeit zurück. Ajax bewindet das Schmaltier und legt sich dann erschöpft ins kühlende Moos, während Hubert mit dem Aufbrechen des Stückes beschäftigt ist. Raimund sucht inzwischen nach einer Erklärung, warum Ajax nicht auf der Wundfährte geblieben ist. Insgesamt sind wir glücklich, das Stück gefunden, rechtzeitig gefunden zu haben.

Dieses Glücksgefühl soll aber schon bald großer Ungewissheit weichen. Wie werden wir es schaffen, das Schmaltier aus dem Dickicht zu schleppen? Wir werden uns eine Bahn brechen müssen. Der Weg bis zum Hochwald ist der kürzeste. Meine Kriechspur durch das Unterholz zeigt die Richtung an. Packen wir's also an!

Wir ziehen und schieben, ächzend und stöhnend, das Stück unter Zweigen und Ästen her, über umgestürzte Stämme hinweg, durch Sumpf und Morast. Nunmehr sind nicht nur die Knie und Hosenbeine durchnässt; der Schweiß fließt in Strömen und lässt keinen Faden unserer Kleidung trocken. Irgendwo ist die Krawatte von Heinz abhanden gekommen. Was soll's! Endlich, nach knapp achtzig Metern, lichtet sich die grüne Hölle und wir stehen erschöpft mit dem erlegten Schmaltier im Hochwald.

Nur eine kurze Verschnaufpause gönnen wir uns, während Hubert seinen Wagen holt, um die Beute zu verstauen und abzutransportieren. Unser Ziel ist die Jagdhütte am Bach, dort, wo dieser den Wald verlässt. Wie herrlich solch ein Bach sein kann, wenn er für durstige Kehlen die Getränke kühlt!

Gott sei Dank führte der Bach mehr kühlendes Wasser, als wir Getränke besaßen. Die Fahrt zu unserem Gasthof überstand das Schmaltier beinahe besser als wir, nämlich auf der Transportplattform eines Treckers, begleitet von den inzwischen alarmierten Enkelkindern und Dorfkindern, für die die Erlegung des Schmaltieres ebenso wie für uns Jäger ein schweißtreibendes Erlebnis war.

Und zu guter Letzt trat dann Hubertus, unser ewiger Jägerprüfungskandidat, in Aktion. Er stieß im Gasthof zu uns, als bereits alles vorbei war, so gut wie vorbei war. Nachdem er versucht hatte, unseren Vorsprung im Alkoholkonsum aufzuholen, stürzte er sich mit Vehemenz auf das erlegte Stück, um es im Schlachthaus unseres Dorfwirtes an den Haken zu hängen. Es war ein verzweifelter Kampf! Fünf Zentimeter vor dem Ziel, dem Deckenhaken, verließen ihn die Kräfte. Hubertus und Schmaltier lagen als Einheit eng umschlungen auf dem Fliesenboden.

Unter Aufbietung unserer letzten Kräfte haben wir gemeinsam aber auch noch diese Aufgabe gelöst.

Im Niedermoor

*Still und schweigend liegt das Moor
in der Abendsonne Schein.
Leise tönt der Schnepfe Quorrr.
Leichte Nebel fallen ein.*

*Grüne Polster, vollgesogen,
unter meinen Stiefeln quellen.
Moos und Wollgras, fest verwoben,
hindernd in den Weg sich stellen.*

*Glänzend schwarze Wasserlachen,
Tümpel voller Risch und Rohr,
die die Einsamkeit bewachen,
birgt das weite, stille Moor.*

*Weiße Birkenstämme blinken
durch des Buschwerks sattes Grün.
Wenn sie nachts im Dunst versinken,
Kraniche darüberzieh'n.*

*Ein noch unberührter Flecken
ist das uralt braune Moor.
So, als wollte sich verstecken
hinter Büschen, hinter Hecken
die Natur. So kommt's mir vor.*

Der Verweigerer

Sie hieß Mira und war eine Rauhaarteckelhündin mit einem jagdlich hervorragenden Stammbaum. Ihre Vorgängerin Nixe war nach einem erfüllten Hundeleben an Altersschwäche verblichen. Apropos Nixe. Ich hatte sie in die Obhut meines Dorfwirtes gegeben, weil meine Frau allergisch gegen Tierhaare war und wir deshalb die häusliche Gemeinschaft mit Nixe, ebenfalls eine Rauhaarteckelhündin mit hervorragenden jagdlichen Eigenschaften, aufgeben mussten. Nixe war unserem Dorfwirt sehr ans Herz gewachsen. Der Verlust des Hundes ging ihm so nahe, dass er tagelang um Nixe trauerte, bis ihm seine Kinder, die das Elend nicht länger mit ansehen konnten, einen neuen Hund schenkten. Damit trat Mira als Welpe in sein und mein Leben. Mein erster Eindruck nach Studium des Stammbaumes von Mira war, dass sie alle guten jagdlichen Eigenschaften mitbrachte.

Außerdem: Gehorsam war sie, schussfest war sie. Die Knallerei zu Silvester hatte sie furchtlos überstanden. So oft es ging, nahm ich sie mit ins Revier. Beim Stöbern zeigte sie gute Ansätze, aber auf der Schweißfährte hatte sie Schwierigkeiten. Jedem gestreckten Stück wich sie aus, umschlug es in großem Bogen. Eher ließ sie sich aus der Halsung ziehen, als sich in Richtung der Fundstelle zu bewegen.

Es war ein Jammer! Schließlich fanden wir uns mit der Tatsache ab, dass Mira für die Nachsuche keine Nase hatte. Tagsüber war sie im Alltag ein „Wirtschaftshund", der von allen Gästen abgeliebelt wurde, dem täglich Wohlgerüche aus der Küche in die Nase stiegen, und der, nach anfänglichem Kräftemessen mit dem Hauskater, mit diesem gemeinsam aus einem Napf fraß.

Also fassten wir uns in Geduld und strengten uns an, dass bei der Jagd die Stücke im Feuer lagen, um Nachsuchen möglichst zu vermeiden. Bislang hatte das auch ganz gut funktioniert, bis auf die Nacht, in der ich einen Überläuferkeiler beschoss.

Seit Tagen war die Kirrung an der Dickungskanzel regelmäßig angenommen. Nacht für Nacht plünderte das Schwarzwild die Futtervorräte, die wir in einer Blechtonne untergebracht hatten. Es mussten wohl mehrere Stücke sein. Ein junger Keiler hatte noch vor zwei Tagen in der Dämmerung die etwa zweihundert Meter entfernt stehende Waldleiter, die von meinem Jagdfreund Horst besetzt war, inspiziert. Die Leiter sollte ausgewechselt werden. Zu diesem Zweck stand bereits – lose angelehnt – eine neue Rundholzleiter vor der ausgedienten Leiter. Wagemutig hatte Horst über die neue Leiter den Hochsitz erklommen, als plötzlich der Keiler auftauchte. Er griff zur Büchse, wobei – o Unglück – die neue Leiter abrutschte und zur Seite polterte, bevor der Schwarzkittel, ebenso polternd in der Dickung verschwand. Die schon sicher geglaubte Beute war auf und davon.

Mit diesem Keiler rechnete ich im Stillen, als ich gegen Abend die Dickungskanzel bezog und mich für den Nachtansitz einrichtete. Der Mond ging laut Kalender erst um dreiundzwanzig Uhr auf. Es blieb genügend Zeit, um bei angenehmer Temperatur ein Nickerchen in einer Kanzelecke zu machen.

Ein Krispein und Kraspeln auf dem Kanzeldach weckte mich. Der Verursacher blieb lange Zeit unsichtbar. Vielleicht eine Maus, die in der Dunkelheit einen Ausflug unternahm? Plötzlich ein Schatten auf der Schießleiste des Fensterbrettes. Rund und kugelig, aber zu groß für eine Maus. Es ist ein Siebenschläfer, dessen Nest unter dem Kanzeldach mir schon vor Tagen aufgefallen ist. Der Eimer mit Mais, den wir für die Kirrung auf der Kanzel deponiert haben, hat ihn scheinbar angelockt. Da sitzt er nun, der kleine Nachtwanderer, und beäugt mich, um nach einer Scheinflucht endgültig aus meinem Blickfeld zu verschwinden.

Ich sitze und warte weiter auf den aufgehenden Mond. Hinter den Wipfeln der Fichten ist bereits ein heller Schimmer als Vorbote zu erkennen. Da lässt mich ein helles Klingeln auf der Schneise vor mir zusammenfahren.

Beim Angehen der Kanzel am heutigen Abend ist mir aufgefallen, dass irgendjemand an einer morastigen Stelle ausrangierte Tondachziegel abgeladen hat, um den Boden befahrbar zu machen. Genau diese Tonscherben müssen es sein, von denen das Klingeln ausgeht. Jetzt ist wieder Stille! Doch schon bald erklingt leise, aber deutlich das Geräusch von vorhin.

Das ist kein Zufall! Da zieht heimlich ein Stück Wild über die Tonziegelscherben. Ich greife zum Nachtglas und visiere die Stelle an, woher das Geräusch kam. Busch und Baum verschwimmen zu einer dunklen Masse. Unmöglich Einzelheiten zu erkennen. Mein Blick bohrt sich durch das Glas in die Dunkelheit. Etwas höher ist inzwischen der Mond gestiegen. Aber es bleibt ruhig in dieser windstillen Juli-Nacht im Walde vor mir.

Mit geschlossenen Augen lausche ich, auf jedes kleinste Geräusch achtend. Nach etwa fünf Minuten klappert es wieder; sehr leise aber typisch. Es muss ein stärkeres Stück sein, das dort im Dunkeln wirkt. Fieberhaft suche ich die Schneise mit dem Glas ab. Minute um Minute steigt der Mond höher. Aber noch decken die dunklen Schlagschatten das Geschehen auf der Schneise. Es klirrt hin und wieder als Zeichen, dass auf der Schneise nach wie vor Bewegung ist. Seit einer halben Stunde geht nun schon das Versteckspiel. Als ich wieder einmal das Glas sinken lasse, habe ich den Eindruck, dicht vor der Kanzel einen dunklen Schatten entdeckt zu haben, der langsam durch das Gras zieht. Mein Blick saugt sich fest an diesem Punkt. Tatsächlich! Der Schatten bewegt sich auf mich zu. Jetzt steht er unbeweglich.

Rasch habe ich das Glas wieder in den Händen. Der Schatten steht breit vor mir. Wo ist hinten, wo ist vorn? Jetzt macht der gedrungene Wildkörper eine Bewegung nach rechts. Damit ist die Position klar. Es ist eine einzelne Sau, die dort zieht.

Voller Ungeduld warte ich auf mehr Licht. Es dauert fast noch zehn Minuten, bis der Mond mir den Gefallen tut, die Schatten auf der Schneise aufzulösen. Dann endlich steht das Stück breit und mondbeschienen vor meiner Kanzel, dreißig Meter entfernt. Die Büchse liegt längst zugriffbereit auf der Schießleiste des Fensterbrettes. Als ich sie mit dem Glas vertausche, bin ich sicher, einen jungen Keiler vor mir zu haben. Der Stecher klickt. Das Stück reagiert nicht. Vom Mündungsfeuer geblendet, setze ich die Büchse ab, um sofort nachzuladen und dem verhallenden Schussknall nachzulauschen.

Ein kurzes Prasseln im Unterholz ist zu hören, das leiser wird, als ob es sich entfernen würde. Als sich meine Augen wieder an die Dunkelheit gewöhnt haben, suche ich mit dem Glas die Schneise ab. Die Stelle, an der die Sau stand, ist leer! Das Geräusch vorhin nach dem Schuss wird hoffentlich kein Zeichen dafür sein, dass das beschossene Stück flüchtig abgegangen ist? Ich war jedenfalls bei Schussabgabe voll drauf und vermute, dass die Sau unmittelbar am Dickungsrand der Schneise liegt.

Trotzdem warte ich noch zehn Minuten, bevor ich abbaume und im anschwellenden Schein meines Handdynamos – ein Requisit aus der Kriegszeit – feststelle: Keine Zeichen am Anschuss, kein Wildkörper am Dickungsrand!

Mit einem unguten Gefühl stehe ich auf der Schneise und überlege mir einen Plan für die Nachsuche. Jetzt heimfahren, eine Mütze voll Schlaf nehmen und morgen früh bei Sonnenaufgang wieder im Walde sein. Leicht enttäuscht stolpere ich über Stock und Stein durch den nächtlichen Wald zum Wagen. Eine Viertelstunde später versinke ich traumlos in Morpheus Armen, nicht ohne vorher den Wecker auf fünf Uhr gestellt zu haben.

Als die Weckuhr rappelt, trete ich frohen Mutes die Fahrt in den Wald an, beinahe sicher, das Stück gestreckt zu haben und im Bereich der Kanzel zu finden. Meine Zuversicht bröckelt stückchenweise ab, als ich den Anschuss Zentimeter um Zentimeter untersuche und weder Schweiß noch Knochensplitter finde. Aber das ist ja bei beschossenen Sauen keine Seltenheit. Also schiebe ich mich in die Dickung, um in der Fluchtrichtung des Stückes nach Zeichen zu suchen. Jedes Moospolster, jeder dicke Stein lässt meine Hoffnung erneut aufflammen, das Stück gefunden zu haben.

Am Ende steht tiefe Enttäuschung. Dazu kommt jetzt ein gewisser Zeitdruck, denn ich habe um neun Uhr einen Termin in dem in der näheren Umgebung befindlichen Staatsbad, wo eine Badewanne mit blubberndem Moor auf mich wartet. Vorab ist auch noch bei meinem Wirt das Frühstück einzunehmen.

Es ist höchste Zeit, um mich loszureißen und die Fahrt ins Tal anzutreten. In der Eile demoliere ich mir unterwegs auf dem abschüssigen Waldweg an einem spitzen Stein den Auspuff meines Fahrzeugs. So gestresst liege ich tatsächlich pünktlich im Moorvollbad, schwarz wie ein Neger, um bei vierzig Grad Celsius zwanzig Minuten über mein Jagderlebnis nachzudenken und in der anschließenden Ruhezeit eine Erklärung oder Entschuldigung für meinen jetzt beinahe unterstellten Fehlschuss zu finden.

Es muss ein Fehlschuss gewesen sein! Wenn Mira, der Hund unseres Dorfwirtes, besser veranlagt wäre, könnte ich ihn trotzdem zu einer Nachsuche einsetzen. Aber bringen dürfte das nichts. Gebadet, geduscht und massiert verlasse ich als Kurgast das Staatsbad, um mich im Zimmer meines Gasthofes schnellstens wieder in mein Jagdzeug zu stürzen. Dabei springt Mira, der Hund unseres Wirtes, um mich herum, als wenn sie sagen wollte: Nimm mich mit! Als ich mich zum Fahrzeug begebe und die Tür öffne, ist sie mit einem Satz im Wagen verschwunden. Na, dann soll es eben so sein, dass ich sie mitnehme.

Wieder führt unser gemeinsamer Weg in den Wald. Wieder stehe ich auf der Schneise am Anschuss.

Mira, angeleint an einer Fichte, verfolgt interessiert meine Sucharbeit. Als ich sie befreie, bewindet sie gründlich den Platz, an dem das beschossene Stück heute Nacht stand. Mit hoher Nase steht sie vor dem Dickungsrand, um anschließend, am Riemen die Schneise entlangziehend, bis zu einem Querweg zu arbeiten und dort wiederum mit hoher Nase zu verharren. Irgendwie kommt mir ihr Verhalten verdächtig vor. Sollte sie doch das kranke oder gestreckte Stück in der Nase haben?

Ich nehme sie bis zum Anschuss zurück, um mich dann mit ihr in der bekannten Fluchtrichtung der Sau in die Dickung zu schieben. Mira sucht jetzt mit tiefer Nase! Erstaunlich stramm liegt der Riemen in meiner Hand. Hinterherkriechend schütze ich mein Gesicht mit den Händen vor den zurückschnellenden Fichtenzweigen, unter jeder Fichte nach der eventuell doch zur Strecke gekommen Sau suchend. Etwa fünfzehn Meter mögen wir so zurückgelegt haben, da bleibt Mira stur wie ein Esel stehen. Sie ist nicht mehr vorwärtszubewegen. Ich versuche, sie am Riemen hinter mir herzuziehen mit dem Ergebnis, dass sie aus der Halsung schlüpft und ich mit dem Riemen in der Hand unter einer Fichte liege.

Fluchend wollte ich bereits die Nachsuche aufgeben, als mir rechtzeitig ein Gedanke kam. Wie war das doch mit Mira? Sie wich allen gestreckten Stücken aus! Wenn meine Vermutung stimmen würde, dann war hier in nächster Nähe etwas zu finden. Ich kroch unter die überhängenden Zweige der nächsten und übernächsten Fichte. Nichts! Und wurde bei der dritten Fichte freudig überrascht. Da lag sie – die Sau. Tiefblatteinschuss, kein Ausschuss. Ein Keiler, ein einjähriger Keiler.

Ich war bei meiner vorausgegangenen Nachsuchenarbeit glatt an dem Stück vorbeigegangen. Kein Wunder bei dem Dickicht. Unglaublich dicht vor der Kanzel lag der Keiler; unglaublich dicht lag ich jetzt neben ihm. Nur Mira stand immer noch in gebührendem Abstand zwei Fichten weiter, so, als ob sie sagen wollte: Gefunden habe ich das Stück schon, aber ich kann Sauen einfach nicht riechen! Es war noch ein hartes Stück Arbeit, den Keiler aufzubrechen, aus dem Walde zu schleifen und im Jagdwagen zu verstauen. Als er endlich im Schlachthaus meines Wirtes zum Zerwirken am Haken hing, lag Mira zusammen mit dem Hauskater auf den Steinstufen vor der Wirtshaustür, so als ob sie ihm die Geschichte von der Nachsuche erzählen wollte.

Seit diesem Erlebnis trug Mira bei uns den Namen
„Der Verweigerer".

Wildernde Meute

Was wäre die Jagd ohne Hund? Unsere Jagdhunde sind uns als unentbehrliche Helfer beim Waidwerken ans Herz gewachsen. Jäger lieben Hunde, wohl wissend, dass in jedem Hund ein Wolf steckt. Es war die Zeit, als ich als Pächter mein langjährig betreutes Revier übernahm. Viele neue Eindrücke stürmten auf mich ein, wenn ich im Dorf zu tun hatte oder beim abendlichen Ansitz das Leben und Treiben auf den Wiesen und Feldern der Jagdgenossen beobachtete. Beschienen von der untergehenden Abendsonne, hatte ich einen Hochsitz am Waldrand bezogen, der mir einen hervorragenden Überblick über die Felder hinweg bis zum Dorfrand bot. Auf der Landstraße tuckerten die Trecker dorfein- und dorfauswärts dahin, als sich auf dem an meinem Hochsitz vorbeiführenden Feldweg langsam ein Pkw näherte. Ein Blick durch das Fernglas bestätigte mir, dass es Bauer Ortlieb war, der gewiss sein Vieh auf der links von mir liegenden Weide kontrollieren wollte. Plötzlich stoppte der Wagen etwa hundertfünfzig Meter vor mir. Der Wagen wendete, fuhr zurück, um dann über einen Parallelweg die Weide mit den Rindern anzusteuern. Natürlich machte ich mir Gedanken über dieses Wendemanöver. Mein Eindruck war: Bauer Ortlieb hatte mich im Schein der tief stehenden Abendsonne erkannt und wollte meinen Ansitz nicht stören. Ein gutes Gefühl kam bei dieser Vorstellung in mir hoch. So liebt ein Revierinhaber seine Jagdgenossen!

Beim nächsten Treffen bestätigte Bauer Ortlieb meine Vermutung. Einen Kasten Bier als Belohnung für seine Rücksichtnahme wollte er partout nicht annehmen, bis ich ihn davon überzeugte, dass auch mir ein Fläschchen davon gut munden würde.

An diesem Abend herrschte noch ein reger Betrieb auf der Landstraße. Ein Anblick besonderer Art erweckte meine Aufmerksamkeit. Am Dorfeingang zeigte sich auf der Straße eine Meute von acht struppigen Hunden, die zielstrebig dorfauswärts zog. Hinter den Hunden her stapfte, einen derben Stock in der Hand, der als Junggeselle und Eigenbrötler bekannte Bauer Raskop.

Die Hunde voran, Raskop hinterher, so zog die Kolonne in die Feldflur. Noch war mir nicht klar, was dieser Umzug bedeuten sollte. Nach einer Viertelstunde kam des Rätsels Lösung in Gestalt einer Kuhherde, die dem Dorf zustrebte, gefolgt von eben dieser Hundemeute und Bauer Raskop. Für einen oder zwei Hütehunde hätte ich noch Verständnis aufbringen können, aber acht kläffende Zottelhunde, die die fünfzehn Kühe starke Herde umkreisten, waren einfach zu viel. Das empfand offensichtlich auch die Kuhherde, die sich teils flüchtig, teils bockig auf der Landstraße als ungeordnetes Knäuel bewegte. Als Kühe, Hunde und Bauer Raskop am Dorfeingang meinen Blicken entschwanden, nahm ich mir vor, dieser Hundemeute meine besondere Aufmerksamkeit zu widmen.

Am nächsten Morgen fuhr ich mit dem Wagen ins Dorf. Ich hatte die Absicht, den Jagdvorsteher zu besuchen, um als neuer Jagdpächter die bisher guten Kontakte zu vertiefen. Ich hatte Glück; der Jagdvorsteher kam gerade mit einer Ladung Grünfutter auf den Hof gefahren. Er ließ es sich nicht nehmen, mich zu einem Gläschen Wein einzuladen. Bei dem Gespräch erfuhr ich auch Einzelheiten über Bauer Raskop und seine Hunde. Raskop bildete seine Hunde angeblich als Hirtenhunde aus und verkaufte diese. Für ihn, der in ärmlichen Verhältnissen lebte, war dies eine Einnahmequelle. Die Hunde seien aber harmlos und blieben in der Nähe des Gehöfts. Mit dieser Auskunft zog ich beruhigt von dannen, nicht ohne vorher noch ein paar Worte mit der freundlichen Frau des sympathischen Jagdvorstehers gewechselt zu haben.

Auf dem Rückweg fuhr ich an Raskops Haus vorbei, begrüßt vom Gekläff der Hunde, die verstreut auf Straße und Hof herumlungerten. Im Hause war niemand anzutreffen. Das Ganze machte einen desolaten Eindruck.

Fast ein Vierteljahr war vergangen. Das Bild der von Bauer Raskop und seinen Hunden heimgeholten Kuhherde auf der Landstraße war schon zur Gewohnheit geworden. Heute, am Sonntagmorgen, machte ich einen Reviergang bei strahlendem Sonnenschein. Das Dorf lag still und ruhig vor mir. Die Bewohner waren zum größten Teil in der Kirche beim sonntäglichen Hochamt. Hundegekläff verriet allerdings, dass das Dorf nicht ausgestorben war.

Da gab es Bewegung im einzusehenden Hausgarten vom Bauern Raskop. Drei der zottigen Hirtenhunde balgten sich miteinander, um dann in Richtung Feldflur loszuziehen.

Das könnte Ärger geben, denn die Hunde entfernen sich mehr und mehr vom Dorfrand. Systematisch suchen sie die Felder und Wiesen ab. Bei den Hecken stöbert der eine Hund rechts, der andere links entlang, während der dritte die Nachhut bildet. Das Ganze hat Methode und verrät ein eingespieltes Team!

Für mich stellt sich die Gewissensfrage: Die Hunde wildern; schießen oder nicht? Das Dreiergespann kommt nun auf mich zu, entlang der Hecke, die den Feldweg, auf dem ich stehe, säumt. Näher und näher kommen die zottigen Gesellen, mit tiefer Nase suchend.

Links neben mir liegt ein Haufen aufgelesener Feldsteine. Munition genug, um eine Kanonade auf die inzwischen in Wurfweite herangekommenen Hunde niederprasseln zu lassen. Als der erste Stein trifft, jault der vorderste Hund kurz auf, um dann mit seinen Artgenossen zunächst flüchtig, dann zügig den Weg zurück ins Dorf anzutreten.

Die Kirchenglocken verkünden den Schluss der Sonntagsmesse, als ich ins Dorf fahre, um Bauer Raskop aufzusuchen. Draußen auf der Straße tummeln sich fünf der struppigen Hirtenhunde, die ihren aus der Kirche kommenden Herrn freudig begrüßen. Bei diesem Anblick habe ich das Gefühl, richtig gehandelt zu haben, als ich vorhin bei den streunenden Hunden im Feld den Finger gerade ließ. Bauer Raskop zeigt volles Verständnis für mein Anliegen, sicherzustellen, dass seine Hunde sich nicht unbeaufsichtigt davonschleichen können, um zu wildern. Wir trennten uns freundlich, und der Sonntagsfrieden war gesichert. Aber diese gütliche Einigung war nur von kurzer Dauer.

Sauen hatten einmal mehr im Feld Schaden angerichtet. Nachtansitz war gefordert. Ich hatte eine Leiter am Rande eines Gatters bezogen. Vor mir lag die Feldflur, in der Ferne das Dorf. Ein Streifen Brachland entlang des Gatterzaunes war mit hüfthohem Gras bestanden, das ausgedörrt durch die Sonne und jetzt, beschienen vom Mond, hell schimmernd eine Kontrastfläche für dunkle Wildkörper bot.

Es ist gut dreiundzwanzig Uhr, die Zeit, in der die Sauen bei uns erfahrungsgemäß ins Feld rücken. Da lässt mich ein Rauschen und Rascheln in dem dürren Gras hochfahren.

Mein erster Gedanke: Da sind sie, die Sauen! Aber gibt es Sauen, die in hohen Sprüngen und gewaltigen Sätzen einen Wiesenstreifen durchqueren? Viel zu elegant sind diese weiten Sätze, die dort unten im Mondschein vollzogen werden. Hunde sind es, drei Hunde! Selbst der als rehwildsicher geltende Gatterzaun stellt für sie kein Hindernis dar. Mit enormer Sprungkraft wechseln sie über den Zaun von einer Seite zur anderen. Ständig in Bewegung, bieten sie kein sicheres Ziel für einen Büchsenschuss. Dennoch gebe ich einen Warnschuss ab, der donnernd im Walde verhallt.

Sekunden später ist der nächtliche Spuk vorbei. Keine Hunde mehr in Sichtweite! Und Sauen werden heute Nacht wohl abgeschreckt sein. So bäume ich verärgert ab und fahre zurück ins Dorf in Richtung meines Gasthofes. Bei Bauer Raskop brennt noch Licht. Er ist bekannt als Nachtschwärmer und Mondscheinbauer, der noch um Mitternacht im Licht der Scheinwerfer seines Treckers seine Felder bewirtschaftet. Als ich den Wagen vor seiner Tür anhalte, sehe ich sein Gesicht hinter der Fensterscheibe. Ich steige aus und klopfe an der Tür. Es fällt mir schwer, auf sein freundliches „Guten Abend" ebenso freundlich zu antworten. Seine Hunde liegen mir im Magen, diese verdammten Hunde! Mein Bericht fällt dementsprechend aus. Währenddessen liegen drei seiner zottigen Hirtenhunde traulich vereint unter dem Kesselofen in der Futterküche und erwecken den Eindruck, als ob sie kein Wässerchen trüben könnten. Auf meine Frage, ob das ihr Stammplatz ist, erhalte ich zur Antwort, dass die drei sich vor ein paar Minuten dort gemütlich eingerichtet haben. Kein Zweifel: das sind die drei Wilderer, die das schlechte Gewissen heimtrieb.

Mit Nachdruck mache ich meinem Gesprächspartner Raskop klar, dass seine Hunde wildern. Hoch und heilig verspricht er mir, seine Hunde unter Kontrolle zu halten. Er geht sogar so weit, mir anzubieten, die Hunde abzuschießen, falls sie beim Wildern angetroffen werden. Aber wem ist damit geholfen?

Tatsächlich waren in der Folgezeit von uns Jägern keine Klagen über wildernde Hunde vorzubringen. Schon atmeten wir auf, als wiederum an einem Sonntagmorgen die gesamte Hundemeute über die Landstraße in Richtung Autobahn trollte; führerlos und ohne Kontrolle. Am Spätnachmittag erfahre ich im Dorf, dass Bauer Raskop mit Magendurchbruch in das Krankenhaus eingeliefert worden ist. Seine herrenlosen Hunde haben sich selbstständig gemacht. Vermutlich ist es nicht das erste Mal, dass die Tiere die Ränder der Autobahn nach Fallwild absuchen.

Zwei Hunde kehrten von diesem Ausflug nicht zurück. Sie fielen dem Verkehr zum Opfer. Die restlichen sechs Tiere wurden während des Krankenhausaufenthaltes von Bauer Raskop durch die Gemeinde in Pflege genommen, sodass das Problem der wildernden Hunde vorerst gelöst war.

Wieder waren Wochen vergangen. Bauer Raskop hatte sich nach längerem Krankenhausaufenthalt erholt und war mit seinen Hunden auf seinen Hof zurückgekehrt. Neuerdings hatte er Geschmack an der Schafzucht bekommen und sich eine kleinere Herde zugelegt, die er im Pferch allabendlich kontrollierte und dabei seine Hunde ausführte, argwöhnisch beobachtet von uns Jägern. Aber es gab keinen Grund zu Beanstandungen.

Doch dann kam jener Morgen, der das endgültige Aus für die Hunde bedeutete. Mein Jagdaufseher Hubert und ich, wir hatten einen Morgenansitz vereinbart und in der Dunkelheit unsere Plätze bezogen. Hubert saß auf einer offenen Leiter; ich auf einer geschlossenen Kanzel. Als die Morgendämmerung heraufzieht, kommt Bewegung in die Landschaft. Die eingepferchten Schafe von Bauer Raskop ziehen wie eine grauweiße Wolke bedächtig über die Wiese dahin. Hin und wieder ist das Blöken der Lämmer zu hören.

Ein starker Fuchs mit weißer Luntenspitze umkreist den Pferch, argwöhnisch beobachtet von den Mutterschafen. Ein paar Böcke stehen abwehrbereit am Rande. Da stürmen von rückwärts vier Hunde heran, die zotteligen Hunde von Bauer Raskop.

Die Schafe geraten in Panik. Ein wildes Gewoge erhebt sich. Die Tiere stürmen gegen die Umzäunung, bleiben zum Teil in den Maschen hängen. Mit ein paar Sprüngen sind die Hunde unter ihnen. Sie reißen Schafe und Lämmer, die sich in der Umzäunung verfangen haben. Markerschütternd sind die Schreie der angefallenen Tiere.

Ich sehe meinen Jagdaufseher, der von seiner Leiter abbaumt und im Laufschritt auf den Pferch zueilt.

Auch ich verlasse in höchster Eile meine Kanzel und stürme in Richtung Schafherde. Als wir dort ankommen, haben die Hunde bereits mehrere Schafe gerissen. Aus den Hirtenhunden sind Bestien geworden. Im Blutrausch stürzen sie sich auch auf uns. Das ist klarer Notstand! Zwei gezielte Schüsse aus unseren Büchsen; zwei der Hunde brechen zusammen. Wir müssen nachschießen, denn schwer getroffen versuchen sie noch immer, uns anzugreifen.

Die beiden anderen Hunde sind durch die Schüsse irritiert. Böse knurrend und zähnefletschend ziehen sie sich schließlich zurück. Hubert und ich stehen inmitten eines Schlachtfeldes. Einem Schaf, das mit heraushängendem Gescheide sich dahinquält, geben wir den Gnadenschuss. Die Körper mehrerer gerissener, toter Lämmer liegen verstreut in der Wiese. Hubert und ich, wir brauchen Zeit, um uns zu beruhigen. Aufgewühlt durch das Tierdrama, besteigen wir unseren Wagen, um ins Dorf zu fahren. Was wird Bauer Raskop sagen?

Wir haben Glück. Er ist zu Hause. Vor der Tür geben wir ihm den Bescheid. Er hat unsere Schüsse gehört. Wortlos besteigt er seinen Traktor und fährt zu den Schafen. Nachdem Hubert und ich im Dorf den Jagdvorsteher benachrichtigt haben, folgen wir ihm.

Stumm und starr, auf seinen Stock gestützt, steht Bauer Raskop am Rande seines Pferchs, in dem sich außer den verendeten Tieren noch weitere verletzte Stücke befinden. Als er uns bemerkt, kommt er niedergeschlagen auf uns zu. Die Worte fallen ihm schwer, als er sagt: „Sie hatten recht mit Ihrer Warnung vor den wildernden Hunden! Hunde können wie Wölfe sein. Jetzt ist endgültig Schluss mit der Hundezucht!"

Eine wildernde Hundemeute hat es seit dieser Zeit im Revier nicht mehr gegeben. Und im Dorf herrscht Erleichterung über das Verschwinden der streunenden, struppigen Hundemeute. Der einheimischen Presse, die objektiv und zugleich warnend dieses Tierdrama aufgriff, gilt noch heute unser Dank.

Äpfel schmecken nachts am besten

Haben Sie schon einmal zur Nachtzeit in einen reifen, vom Abendwind gekühlten Apfel gebissen? Frisch vom Baum gepflückt, ist das eine Köstlichkeit. Ob es daran liegt, dass die Dunkelheit dem Apfel ein besonderes Aroma verleiht? Oder liegt es daran, dass die Nacht die viel besungenen romantischen Gefühle des Menschen weckt? Bekanntlich sollen ja auch Küsse nachts am besten schmecken. Und vielleicht hat auch Eva ihrem Adam den Apfel zur Nachtzeit gereicht und vielleicht hat er deshalb im Schutze der Dunkelheit so kräftig zugebissen. Aber lassen wir das dahingestellt. Mit meinem nächtlichen Apfelbiss ist jedenfalls eine längere Geschichte verbunden. Die Jagdzeit auf den Rehbock ging zu Ende. Nach dem Abschlussplan fehlte uns noch ein Bock, den ich meinem Jagdaufseher freigegeben hatte. Nun war ich entschlossen, den Abschuss selbst zu tätigen, da Hubert bislang erfolglos geblieben war. Noch am letzten Wochenende hatte er vergeblich im Fuchswinkel auf einen Bock angesessen. Wer nicht kam, das war der Bock. Dafür erschien bei schwindendem Büchsenlicht ein starker Keiler, der aber zu schnell unter der Ansitzleiter durchwechselte, bevor Hubert die Waffe bedienen konnte. Wer weiß, wo der wieder auftauchen würde?

Für heute Abend hatte ich mir einen Ansitz im Hirschloch vorgenommen. Während der Blattzeit hatte hier ein starker Bock gestanden. Ihm wollte ich nachstellen. Schon frühzeitig machte ich mich auf die Läufe, um einen geeigneten Platz für einen Überraschungsansitz zu suchen. Unser Standard-Platz in einer leerstehenden Hütte am Bach, der sich durch das Hirschloch zog, hatte uns schon seit Wochen keinen Anblick mehr beschert, obwohl die

Lage ideal war. Zwischen dem Bach und dem gegenüberliegenden Waldrand zog sich vor der Hütte eine etwa achtzig Meter breite Wiese hin. Ich hatte festgestellt, dass das Rehwild, aus dem Walde kommend, hinter den Büschen am Waldrand verhofft und dann sichernd nach links im Walde verschwand, um an dem mit Weiden, Erlen und Eschen bestandenen Bachlauf am linken Wiesenrand gedeckt ins Feld zu ziehen.

Mein Plan bestand darin, an dieser Stelle einen Platz zu beziehen, um den erkannten Wechsel kontrollieren zu können. Das war leichter gedacht als getan. Zunächst galt es, die beiderseits des Baches verlaufenden Stacheldrahtzäune der angrenzenden Viehweiden zu überwinden. Dummerweise war ich bei trockenem Wetter ohne Gummistiefel losgezogen. Das sollte sich jetzt rächen. Das flache Wasser des Bachlaufes zu durchwaten hätte mit Gummistiefeln keine Schwierigkeit bedeutet. Für meine leichten Pirschschuhe war das Wasser unangenehm; mehr noch für mich, der in den Schuhen steckte. Im Bachbett von Stein zu Stein hüpfend, hatte ich schließlich einen Platz ausfindig gemacht, den ich halbwegs trockenen Fußes erreichte. Etwas erhöht saß ich auf einem Baumstubben, mit freiem Blick entlang des Bachlaufes, gedeckt hinter einem Erlenbusch, mit dem Rücken angelehnt an einen Zaunpfahl der hinter mir liegenden Weide. Noch hatte ich genügend Zeit, um mir mit dem Jagdmesser einen passenden Zielstock zurechtzuschneiden und hier und da ein Ästchen oder Blatt zu beseitigen, damit ich freies Schussfeld hatte. In meiner Fantasie sah ich bereits den erwarteten Bock durch die Büsche ziehen.

Das lispelnde und gluckernde Plätschern des Baches wird untermalt durch das Auftauchen einer Wasseramsel mit ihrem weißen Brustlatz. Behände verschwindet sie im Wasser, um urplötzlich wieder aufzutauchen. Ein amüsantes Schauspiel, das mir die Zeit vertreibt. Unterbrochen wird diese Idylle, als ich hinter mir auf der Weide das Brüllen von Kühen höre. Ein Blick nach rückwärts belehrt mich, dass die Weide mit Rindern besetzt ist. Bedächtig grasen sie in etwa sechzig Metern Entfernung auf mich zu. Noch sind sie weit genug entfernt, um nicht zu stören. Mein Stoßgebet:

„Herr, lasse diese Herde an mir vorüberziehen", wird leider nicht erhört. Näher und näher schieben sich die massigen Körper, bis sie unmittelbar hinter meinem Zaunpfahl stehen. Mit großen Augen und schnaubenden Nüstern staunen sie mich an. Was soll ich tun? Meinen Ansitzplatz aufgeben? In dieser Situation ist kaum ein Bock zu erwarten. Ich entschließe mich, sitzen zu bleiben nach der Methode: Gar nicht darum kümmern! Vielleicht finden die Viecher mich langweilig und ziehen ab.

Also erstarre ich zur Salzsäure und warte. Noch entspannt sich die Lage nicht. Vielmehr verspüre ich, angelehnt an meinen Zaunpfahl, plötzlich im Nacken den warmen Atem eines der Vierbeiner. Das ist denn doch zu viel. Aus meiner zusammengesunkenen Haltung heraus explodiere ich förmlich, reiße die Arme hoch und schreie die Rindviecher an, mit dem Erfolg, dass sie ein paar polternde Sätze nach rückwärts tun. Mit gesenkten Hörnern schauen sie mich mit einem Gesichtsausdruck an, als ob sie sagen wollten: Du bist kein Jäger! Du bist ein Spinner!

Was auch immer meine schwarz- und rotbunten Besucher auf der Weide gedacht haben mögen, die Wirkung meiner Aktion war entscheidend. Sie trollten sich langsam davon, und ich konnte meinen Ansitz unbehelligt fortsetzen. Noch einmal lief ich Gefahr, meinen Ansitz vorzeitig aufgeben zu müssen, als ein Trecker sich näherte, der tuckernd an mir vorbeifuhr, dann aber ins Dorf abbog. Die Dämmerung zog langsam herauf. Mit erhöhter Aufmerksamkeit beobachtete ich den durch das Buschwerk führenden Wechsel. Wenn der Bock überhaupt kam, dann kam er jetzt! Von Minute zu Minute schwand das Büchsenlicht. Schließlich gab ich den Ansitz auf. Die einsetzende Dunkelheit machte es mir schwer, den Rückweg durch Busch und Bach zu finden. Als ich schließlich die offene Wiese erreichte, waren meine Schuhe total durchnässt. Ich wollte mich warm laufen und durchquerte die Wiese zügig in Richtung meines abgestellten Jagdwagens. Der Weg führte weiter durch einen schmalen Waldstreifen. Als das Wäldchen hinter mir lag, öffnete sich die abendliche Landschaft, vor mir die Feldflur, links von mir eine Reihe Apfelbäume, in der Ferne die Lichter des Dorfes.

Am ersten Apfelbaum machte ich Halt, um mit dem Nachtglas das freie Feld abzuleuchten. Als ich die dabei hinderliche Büchse von der Schulter nahm und an den Stamm lehnte, fuhr mir ein Schreck in die Glieder. Mit einem unterdrückten WUFF fuhr eine Sau aus einer flachen Mulde unter dem Apfelbaum. Polternd stob sie davon. Ich atmete erst einmal tief durch, bevor ich für alle Fälle die Büchse in die Hand nahm und durchlud. Vorsicht ist die Mutter der Porzellankiste! Mein Bemühen war allerdings umsonst. Das intensive Absuchen der Felder mit dem Nachtglas blieb erfolglos. Nichts zu sehen oder zu spüren von einem Stück Schwarzwild; die Sau blieb verschwunden. Ob es der Keiler gewesen war, den mein Jagdaufseher Hubert vorgehabt hatte?

Das Fallobst unter dem Baum hatte offenbar den Schwarzkittel angelockt. Ich konnte mir nicht verkneifen, im Dunklen in einen der duftenden Äpfel zu beißen. Fürwahr eine Köstlichkeit, wie ich feststellen konnte!

Seit diesem Abend bin ich davon überzeugt, dass Äpfel nachts am besten schmecken.

Hörnerklang im Frühling

*Wenn Winters Macht dem Frühling weicht
erwacht die Lust am frohen Jagen.
Mit „Puitz" und „Quorr" die Schnepfe streicht
am Abendhimmel schon seit Tagen.*

*Des Regenpfeifers Gaukelflug
geht übers offene Land,
im Pfeilflug schwingt der Kranichzug.
Der Winter ist gebannt!*

*Die Häsin putzt mit samtenen Pfoten
die frisch gesetzten Hasenkinder
als märzgeborene Frühlingsboten.
Vergessen ist der strenge Winter!*

*Die Birken zeigen erstes Grün.
Am windgeschützten Wiesenrain
die ersten Schlüsselblümchen blüh'n.
Sie warten auf den Sonnenschein.*

*Der erste zarte Frühlingshauch
lässt Freude mich empfinden
und laut durch meines Jagdhorns Klang
des Frühlings Sieg verkünden.*

Einmal getroffen – zweimal verfehlt

Das Wochenende fing gut an – wie man so sagt. Die Fahrt über die Autobahn aus der Stadt ins Revier ging trotz Hitze und Ferienzeit glatt vonstatten. Es war Anfang August. Jagdlich hatte ich mir eine Menge vorgenommen. Die Böcke trieben munter, die Blattzeit war in vollem Gange.

Als mein Wagen auf den Hof meines Gasthauses rollte, wurde ich freudig begrüßt von Mira, der Rauhaarteckelhündin meines Wirtes. Wenn ich im Lande war, zeigte sie sich stets besonders stark und verbellte Land und Leute, um damit zu dokumentieren, dass sie sich in meiner Gegenwart wieder als Jagdhund fühlte und dementsprechend respektiert werden wollte.

Beim letzten gemeinsamen Ausflug ins Revier war mir dieses Verhalten besonders aufgefallen. Die Hündin fieberte förmlich nach jagdlichem Tun. Mit flimmender Rute stand sie vor meiner Wagentür und sah mich flehentlich an in der Erwartung, dass ich die Tür öffnete und sie mitnahm. Schon auf der Fahrt ins Revier sah man ihr die Seligkeit an, wenn sie auf dem Beifahrersitz neben mir lag und ihre Nase in meiner Jagdkleidung vergrub.

Am vergangenen Wochenende hatte ich sie nach dem Frühstück mitgenommen, um ihr eine Nachsuche auf einen erlegten Fuchs zu gönnen. Sie war kaum zu bändigen, als ich ihr an Ort und Stelle die Halsung anlegte. Sorgfältig untersuchte ich vor ihren Augen den Anschuss. Gespannt verfolgte sie mein Tun. Als ich das Kommando gab: „Such' verwundt, mein Hund!", zog sie zügig und schnell durch die Wiese auf der Wundspur auf den sechzig Meter entfernt stehenden Busch zu, unter dem ich den am Morgen gestreckten Fuchs versteckt hatte.

Wie wild stürzte sie sich auf den Rotrock. Das war kein Wirtshaushund mehr, das war ein Jagdhund! Mit Mühe konnte ich sie von Reineke abbringen, erfreut über ihren Jagdeifer und ihren Kampfgeist.

Während ich den zerschossenen Balg des roten Räubers einbuddelte, suchte Mira die nähere Umgebung ab. Plötzlich gab sie giftig Laut! Als ich nach ihr schaute, lag sie im nahen Graben vor einem Durchlass, in dem eine Wippbrettfalle stand. Es fiel mir schwer, die Hündin aus dem Rohr zu ziehen, um an die Falle zu gelangen. Ein Hermelin hatte sich gefangen. Ich öffnete die Falle, um es in die Freiheit zu entlassen; aber Mira war schneller.

Ein Biss – und sie schlug sich das Hermelin um die Ohren, dass die Fetzen flogen. Ich konnte ihr nicht einmal böse sein, denn sie folgte nur ihrem angewölften Jagdinstinkt. So griff ich zum zweiten Mal zum Spaten, um das tote Raubwild einzugraben.

Das alles war in der Jagd eigentlich nicht außergewöhnlich. Außergewöhnlich war allerdings das Verhalten von Mira nach der Rückkehr in den Gasthof. Ich hatte kaum die Wagentür geöffnet, da stürzte sie sich mit einem Satz aus dem Wagen auf ihre sonst geduldete „Freundin", die Hauskatze, mit der sie Platz und Futternapf teilte. Völlig überrascht flüchtete die Katze in panischer Angst mit einem gewaltigen Sprung auf die Linde im Biergarten vor dem Hause. Mira aber kehrte, nachdem sie ihre Hausgenossin ausgiebig verbellt hatte, stolz zu mir zurück, als hätte sie sagen wollen: Schluss mit dem Geschmuse! Ab jetzt bin ich nur noch Jagdhund. – Die eingeleiteten Zwangsmaßnahmen meines Wirtes und die unvermeidlichen Streicheleinheiten der Gäste nahm Mira fortan nur widerwillig in Kauf.

War ich fort, dann war sie nur noch „Hund", war ich anwesend, dann war sie wieder „Jagdhund". Und das zeigte sie selbst ihrem Herrn, meinem Wirt, deutlich. Und heimlich kann ich es gestehen: das zu meiner stillen Freude.

Bei meiner heutigen Ankunft im Gasthaus war das nicht anders. Als ich Mira abgeliebelt hatte, kam die Wirtin an die Reihe, die, durch das Gebell aufmerksam geworden, vor die Tür getreten war. Die Reihenfolge hätte ebenso gern umgekehrt ausfallen können. Nach und nach erschien die gesamte Wirtsfamilie.

Bei dem allgemeinen Hallo der Begrüßung hatte ich meinen Koffer bereits ausgeladen, um nach vielem Händeschütteln den Zimmerschlüssel in Empfang zu nehmen. Meinen Stadtwagen in die Garage zu fahren, um ihn gegen den dort stationierten Jagdwagen zu vertauschen, war mein nächstes Ziel.

Beim Zurücksetzen des Wagens traten plötzlich Schwierigkeiten auf. Ich hatte den Eindruck, als ob Bremsklötze vor und hinter dem rechten Hinterrad lagen.

Ungläubig stieg ich aus, um mich zu vergewissern, was die Ursache sei. Heiliges Kanonenrohr! Vor Schreck fiel mir der Unterkiefer herunter. Mein Hinterrad stand ... mitten auf meinem umgefahrenen Koffer; mitten auf dem eingebeulten Kofferdeckel. Gott sei Dank hatte ich jetzt keine Zuschauer mehr, denn die Wirtsleute und die Bedienung hatten sich inzwischen in das Wirtshaus zurückgezogen.

Was tun? Vorwärts oder rückwärts fahren, um den Kofferinhalt zu schonen? Ich entschloss mich für die Vorwärtsrichtung, dabei in Kauf nehmend, dass der bereits zerquetschte Kofferabschnitt nochmals überrollt wurde. Als der Wagen wieder mit allen vier Rädern auf dem Asphalt stand, begutachtete ich vorsichtig meinen Koffer. Das elastische Material wies äußerlich keinen Schaden auf. Nur die Form des Koffers war beängstigend! Die eine Hälfte war flach wie ein Pfannkuchen, die andere Hälfte hatte normale Höhe. Wie mochte es im Inneren aussehen?

Doch zunächst tauschte ich meine beiden Fahrzeuge um. Der zerquetschte Koffer stand inzwischen auf den Treppenstufen des Gasthauseingangs, argwöhnisch beschnüffelt von Mira, dem Teckel unseres Gastronoms. Als ich den Koffer aufnahm, traf mich der traurige Blick der Hundedame. Mit hängenden Ohren schlich ich mit meinem Koffer, der erkennbar von der „Beulenpest" befallen war, auf mein Zimmer. O Wunder! Die Schlösser ließen sich öffnen. Der Inhalt, so weit er Kleidungs- und Wäschestücke betraf, unbeschädigt! Voll erwischt hatte es allerdings mein Reisenecessaire, meine Kulturtasche. Der Elektrorasierer zerquetscht und zersplittert, ebenso Seifendose und Zahnbürste. Der Reisewecker hatte die Katastrophe überstanden. Er klingelte fröhlich, als ich ihn probeweise aufzog.

Der Koffer selbst, der als Jagdkoffer schon manchen Sturm erlebt hatte, war nach genauer Untersuchung immer noch nicht bereit, seinen Geist aufzugeben. Zwar war der Innenrahmen gebrochen, aber nach einer ausgiebigen „Massage" nahm das Ganze wieder erträgliche Formen an, sodass ich beschloss, ihm weiterhin meine Habseligkeiten für die Jagd anzuvertrauen, zumal er bereitwillig seine Schlösser funktionieren ließ.

Nun kämpfe ich nur noch einen stillen Kampf mit meiner Frau, die das „Schmuckstück" durch eine Neuerwerbung ersetzen möchte. Aber zur Not steht mir immer noch mein Rucksack zur Verfügung. Dieses Erlebnis stand also zu Beginn meines Wochenendausfluges zur Bockjagd. Getroffen hatte ich meinen Koffer, voll getroffen. Dabei blieb es dann auch an diesem Wochenende, nämlich einmal getroffen ... aber noch zweimal vorbei.

Voll vorbei ging es bereits am nächsten Morgen, als ich mich im Dunkeln auf die Läufe machte, um in der Feldflur einem dort bestätigten Sechserbock nachzustellen. Als der Wecker um vier Uhr rappelte, dachte ich zunächst im Halbschlaf an mein gestriges Erlebnis mit dem zerquetschten Koffer. Der Wecker hatte wirklich keinen Schaden davongetragen, denn das Läutewerk schrillte wie eh und je. Ich rieb mir den Schlaf aus den Augen und schob mich in mein Jagdzeug. Die hohen sommerlichen Temperaturen waren in der Nacht kaum gesunken, sodass ich leicht bekleidet, mit Sommerhut und Leinenschuhen ausgerüstet, aus dem Hause schleichen konnte. Es war windstill. In der Garage staute sich noch die brütende Hitze vom Vortage. Die Temperatur im Wagen war drückend. Erst die heruntergekurbelten Seitenfenster brachten durch den Fahrtwind Kühlung. Ich fuhr in dem dunklen Wald bis zum Abzweig des ins Feld führenden Weges. Als die Scheinwerfer des Wagens erloschen, schloss ich möglichst geräuschlos die Wagentür, um mich auf den Weg ins freie Feld zu machen. Ausgerüstet mit Büchse, Jagdmesser und Glas schlich ich durch die Dunkelheit. An der Wald-Feld-Grenze ließ bei klarem Himmel ein leichter, heller Schimmer im Osten die heraufziehende Morgendämmerung erahnen.

Bis zur Hecke, in der eine gut gedeckte Ansitzleiter stand, war es nicht weit. Hier wollte ich den Bock erwarten. Den Platz der Leiter kannte ich genau; die Leiter stand etwa zehn Meter rechts neben einem Durchgang. Zielstrebig steuerte ich diesen Durchgang an. Hier musste die Leiter stehen!

Die Hecke war üppig ins Kraut geschossen. Ich stocherte darin herum, um die Leiter zu finden. Zu meiner Überraschung ohne Erfolg. Sollte ich mich in dem Abstand zum Durchgang durch die Hecke getäuscht haben? Stück für Stück suchte ich die Hecke ab. Als schließlich in der Dunkelheit die in der Hecke stehende Nachbarkanzel „Zum Postillion" in Anblick kam, wusste ich, dass ich die Leiter verpasst haben musste, Also begab ich mich auf den Rückweg in Richtung Durchgang. Minuten werden bei einer solchen Suche zur Ewigkeit. Mit jeder Minute nimmt die Helligkeit des Tagesanbruchs zu. Als ich schließlich wieder am Durchgang als Ausgangspunkt meiner Suche angelangt bin, ist es bereits grau. Könnte die Leiter gestohlen worden sein? Möglich ist das.

Mit Zweifeln behaftet mache ich nunmehr einen Schritt vom Durchgang weg in die andere Richtung. Aber das kann ja keinen Erfolg haben.

Da wird es in der Wiese vor mir laut. Rehwild schreckt heftig und ausdauernd. Hastig mache ich noch ein paar Schritte in die vermeintlich falsche Richtung … und stehe vor meiner gesuchten Leiter. Wodurch dieser Standortwechsel bedingt sein mag, ist mir in diesem Moment unwichtig. Ich muss bei der aufkommenden Helligkeit so rasch wie möglich unsichtbar werden.

Als ich endlich die Sitzfläche der Ansitzleiter unter mir spüre, werde ich ruhiger, während draußen immer noch das Rehwild schreckt. Der Platz ist hervorragend gedeckt durch ineinander verwachsene Fichten- und Eichenzweige. Sichtfeld und Schussfeld können nicht besser sein. Jetzt fehlt nur noch das Quäntchen Jagdglück! Ein Blick durch das Glas bestätigt, dass vor mir in der Wiese etwa einhundert Schritt entfernt zwei Stücke Rehwild stehen. Das Schrecken hat nun aufgehört. Dafür ziehen die beiden Stücke von mir weg. Die Entfernung wird rasch größer. Zunächst äsen sie friedlich nebeneinander. Ist es eine Ricke mit Schmalreh? Ist ein Bock dabei? Die Frage beantwortet sich von selbst, als jetzt in etwa zweihundert Metern Entfernung das eine Stück das andere treibt. Also Bock und weibliches Stück!

Eine halbe Stunde lang treiben es die beiden nun schon, ausdauernd und heftig. Immer wenn die Ricke, als solche spreche ich sie an, zu mir hin auszubrechen versucht, treibt der Bock sie zurück. Er lässt mir keine Chance, bei dieser Entfernung zu einem sicheren Schuss zu kommen.

Inzwischen klettert die Morgensonne über die Baumwipfel. Noch stehen die beiden Stücke im Schatten des Waldrandes, um dann mit einem Schlenker im Buschwerk des Waldsaumes zu verschwinden. Einmal noch tritt die Ricke kurz aus; dann ist Ruhe im Feld. Ich sitze in der Morgensonne und sage mir: Für heute vorbei. Vorbei die Chance, den Bock zu erlegen!

Warum bin ich eigentlich im Dunkeln an der Leiter vorbeigestolpert und habe damit den Ansitz verdorben? Dieser Gedanke beschäftigt mich jetzt. Als ich abbaume, stelle ich fest, dass ein neuer Heckendurchgang entstanden ist. Der alte Durchgang als Orientierungspunkt ist zugestapelt mit mächtigen Baumstämmen aus dem letzten Windbruch. Das ist die einfache Erklärung.

An der Leiter vorbei bedeutet aber noch nicht Jagd vorbei! Ich habe mir die Stelle gut gemerkt, an der die beiden Stücke in den Wald gewechselt sind. Etwa dreißig Meter neben unserem „Wachturm", einer Kanzel unmittelbar am Waldrand, sind sie in die Büsche gezogen. Heute Abend wird der Wachturm mein Ansitzplatz sein. Gesagt, getan. Schon früh am Nachmittag beziehe ich meinen ausgewählten Platz. In der Blattzeit kann man nie wissen, ob der Bock die brunftige Ricke nicht schon bei Tage in der Wiese treibt. Ich mache es mir bequem in der warmen Kanzel, auf deren Bretterwänden die Augustsonne steht. Die Fensterklappen habe ich links und rechts geöffnet, um den Waldrand beobachten zu können. Sie sind so auf Luke gestellt, dass Bewegungen in der Kanzel im Gegenlicht nicht erkennbar werden können.

Deshalb lasse ich die Luke an der Stirnseite geschlossen. Sie ist voll beschienen von der Abendsonne.

Dieser Abendansitz ist herrlich! Strahlend blauer Himmel, hochsommerliche Temperaturen, vor mir die Wiese und dahinter goldgelbe, reife Kornfelder. Wenn heute Abend der Bock fällt, dann ist das die Krönung eines wunderschönen Jagdtages.

Seit Stunden sitze ich so in Erwartung, immer wieder nach links und rechts den Waldrand beobachtend. Ein paar Häschen rücken ins Feld.

Tauben suchen ihre Schlafbäume auf. Rucksend und gurrend versammeln sie sich. In der Ferne blöken die eingepferchten Schafe von Bauer Kröger. Zwischendurch ratschen hinter mir heftig einige Eichelhäher. Achtung! Das könnte bedeuten, dass Wild anwechselt. Angespannt geht mein Blick durch die linke und rechte Luke der Kanzel. Aber es tritt nichts aus. Die Häher beruhigen sich. So vergeht die Zeit. Die Dämmerung bricht rasch herein, nachdem die Sonne glutrot hinter den Bergkuppen verschwunden ist. Nach einer weiteren halben Stunde schwindet das Büchsenlicht rapide. Busch und Baum verschwimmen im Blick durch das Glas. Enttäuscht schließe ich die Seitenluken der Kanzel. Das Rehwild scheine ich heute Morgen vergrämt zu haben; die Störung war sicherlich zu stark. Einen letzten Blick in Richtung Dorf durch die Luke an der Stirnseite der Kanzel möchte ich mir noch gönnen. Als ich die Klappe hochschiebe, zucke ich zusammen.

Direkt vor der Kanzel stehen zwei Stücke Rehwild. Mit Sicherheit mein Bock und die Ricke von heute morgen. Unruhig bewegen sie sich beim Äsen. Ein Treiben von Bock und Ricke findet aber nicht statt. Was ist Bock und was ist Ricke? Bei diesem Licht ist keine Unterscheidung mehr möglich. Und auf Umrisse zu schießen wäre sündhaft; Ricken sind erst im September frei!

So sitze ich im Dunkeln, und wieder kann ich nur sagen: Vorbei! Zum zweiten Mal vorbei am heutigen Tage!

Noch hocke ich in der Kanzel und überlege mir meinen Abgang, der möglichst ohne Störung des Wildes verlaufen soll. Die Stücke stehen im Dunkeln in etwa siebzig Metern Entfernung vor mir in der Wiese. Auf mein Klopfen gegen die Kanzelwände reagieren sie nicht. Also lasse ich mir etwas anderes einfallen. Ich pfeife in der Kanzel so gut und laut ich kann die Melodie „Ich bin ein freier Wildbretschütz. Es muss wohl zu harmlos klingen, denn die Stücke flüchten nicht. Nun, die ganze Nacht möchte ich in meiner Kanzel nicht hocken bleiben. Unter fortgesetztem Pfeifkonzert und kein Geräusch scheuend bäume ich ab. Als ich am Leiterfuß angekommen einen Blick durch das Nachtglas tue, kann ich kein Rehwild mehr, allerdings auch keine sonstigen Kontraste mehr erkennen. Geschreckt haben die Stücke jedenfalls nicht.

So ziehe ich flötend durch die nächtliche Wiese meinem abgestellten Jagdwagen entgegen. Als der Motor anspringt und die Scheinwerfer aufflammen, habe ich einen Lippenkrampf durch meine künstlerischen Darbietungen, die einer pfeifenden Ilse Werner Ehre gemacht hätten. Ich jedenfalls pfiff sozusagen auf dem letzten Loch. Das war es dann aber auch endgültig für diesen Tag. Wie sagte ich doch: Vorbei! Zweimal vorbei!

Als Lippenbalsam für meine arg strapazierten Lippen habe ich bei meinem Gastwirt noch abends spät einen Alkoholverband anlegen lassen. Allerdings behauptete der Wirt später, bei dieser Prozedur kein Verbandszeug benutzt zu haben.

Hüttenfest mit „Schüsseltreiben"– ohne bzw. anstatt Treibjagd

Zu einer zünftigen Treibjagd gehört nun einmal das abendliche „Schüsseltreiben", bei meinen bayerischen Jagdfreunden „Knödelbogen" genannt. Unvergessen ist bei mir die Treibjagd des vergangenen Jahres. Abgekämpft schlichen die Treiber nach dem Abblasen der Jagd zum Sammelplatz. Schützen und Treiber standen bei Fackelschein im Kreis, um die Strecke zu verblasen. Als das abschließende „Halali" verklungen war, gab ich noch einmal den Zeitpunkt des Schlüsseltreibens bekannt, mit dem Ergebnis, dass sich zwei junge Leute aus dem Dorf, die zum ersten Mal eine Treibjagd erlebten, stöhnend und händeringend zuraunten: „Jetzert no a Treiben? Dös halt i net aus!" Hätte ich anstatt zum „Schüsseltreiben" zum „Knödelbogen" eingeladen, ich hätte mir eine langatmige Erklärung ersparen können.

In diesem Jahr waren meine Mitjäger und ich übereingekommen, mangels Masse an Hasen auf eine Treibjagd zu verzichten. Nicht verzichten wollten wir allerdings auf die Geselligkeit, die bei solchen Anlässen üblich ist. Also suchten wir nach einem Ersatz. Die Jagdgenossen aus dem Dorf, die uns bei unseren Treibjagden regelmäßig als Treiber unterstützten, warteten schon gespannt auf unsere Vorschläge.

Wir hatten beschlossen, am ersten Wochenende im Monat Juli ein kleines „Hüttenfest" im Walde zu organisieren. Die einzuladende Gästeschar belief sich auf etwa fünfundzwanzig Personen; zu viel für einen Platz in unserer bescheidenen Jagdhütte, zu wenig für den Platz in einem Festzelt. Wir gingen davon aus, dass wir uns im Freien vor unserer Hütte im Walde versammeln konnten. Also ließen wir den Tag des abendlichen Treffens auf uns zukommen.

Heute war es so weit. Tische, Bänke und Stühle wurden herangekarrt; der Feuer- und Grillplatz wurde vorbereitet. Jagdfreund Hubertus hatte die Getränkebeschaffung übernommen. Die Flaschen und Dosen lagen bereits silbrig blinkend im Bachbett neben unserer Hütte zur Kühlung. Eigentümlicherweise war bei den Flaschen ein starker Schwund zu verzeichnen, da meine mit der Durchführung der Vorbereitungen beauftragten Jagdfreunde zwischendurch ihren Eigenbedarf an Flüssigkeit deckten. Kein Wunder bei sommerlichen Temperaturen. Hubertus wusste als „Mundschenk" das Manko immer wieder geschickt auszugleichen, indem er sich im Getränkemarkt des Nachbardorfes neu eindeckte.

Karl, seines Zeichens Tierarzt in der Gemeinde, hatte die Fleischversorgung in Händen. Gehässige Zungen behaupteten, er habe im Dorf deshalb ein paar unnötige Notschlachtungen vorgenommen, Rollbraten, Steaks und Bratwürstchen hatte er uns avisiert. Bei Einbruch der Dunkelheit wollte er den „Feuerteufel- und Grillmeisterposten" übernehmen. Hubert, unser Jagdaufseher, hatte zusätzlich Geschirr herbeigeschleppt. Ihm oblag es, den Feuerplatz vor der Hütte stilvoll einzurichten.

Alles lief bestens. Bei unserer Arbeit unter den schattigen Bäumen war es uns allerdings nicht aufgefallen, dass die Sonne allmählich verschwand. Als die ersten feinen Tropfen eines zaghaften Sommerregens uns erreichte, nahmen wir das nicht tragisch. Erst als Hubertus von einem erneuten Getränkeeinkauf aus dem Nachbardorf zurückkehrte und uns von einer dunklen Wand am Horizont berichtete, wurden wir misstrauisch. Sollte unser „Ersatzfest" vielleicht ins Wasser fallen?

Inzwischen hatte sich der Himmel blaugrau bezogen; der Regen verstärkte sich. Wir verkrochen uns unter das Hüttenvordach, das der kleinen Truppe ausreichend Schutz gegen die Nässe bot. Noch überwog der Optimismus, dass der Wettergott uns nur einen kurzen Sommerregen bescheren würde. Doch wir hofften vergeblich. Aus dem leichten Sommerregen wurde ein „Schnürlregen". Es rauschte und tropfte auf und von den Blättern der Bäume. Unsere abendliche „Freiluftveranstaltung" war somit stark gefährdet.

Immerhin mussten wir alles in allem etwa dreißig Leute halbwegs trocken unterbringen. Feiern oder nicht feiern – das war hier die Frage! Und das möglichst unter Dach und Fach.

Hubert, unserem Jagdaufseher, kam die rettende Idee. Das Dreißig-Mann-Zelt des Deutschen Roten Kreuzes musste her! Es lag eingelagert im Feuerwehrhaus des Dorfes.

Gesagt, getan. Hubert fuhr mit seinem Wagen los, dass das Wasser auf dem Waldweg nur so spritzte. Nach knapp einer halben Stunde war er zurück; mit Anhänger und darauf verpacktem Zelt. Nun konnte eigentlich nichts mehr schiefgehen, sodass wir uns unter dem Hüttenvordach erst einmal eine Stärkung – oder wie man so etwas nennt – gönnten.

Der Regen hatte sich inzwischen zum Dauerregen entwickelt. Die ersten Rinnsale bildeten sich auf dem Waldboden, und der Bach neben unserer Hütte hatte an Volumen beträchtlich zugenommen. Die Kühlung unserer eingelagerten Getränkeflaschen und Dosen war jetzt im rauschenden Wasser perfekt.

Auch wir erhielten jetzt eine entsprechende Abkühlung, als wir das beschaffte Zelt vom Anhänger abluden und an der Stirnseite unserer Hütte aufschlugen. Das Ganze spielte sich in großer Geschwindigkeit ab, da jeder bemüht war, unter das schützende Zeltdach zu kriechen. Eine Stunde später stand der Bau. Vertäut, verankert und festgezurrt stand das Zelt auf dem Waldboden, als langsam die Dämmerung hereinbrach.

Karl, unser Tierarzt und heute zum „Furier" avanciert, war auch inzwischen mit seinen Fleischvorräten und einem Korb voll frischer Brötchen bei uns eingetroffen. Bei seiner Leibesfülle mussten wir den Zelteingang erweitern, um ihn einen Blick in das Zeltinnere werfen zu lassen. Währenddessen war die übrige Mannschaft damit beschäftigt, Stühle, Bänke und Tische im Zeltinneren unterzubringen und trocken zu wischen.

Nun konnten sie kommen, unsere Jagdgenossen; es war für alle gesorgt! Der Regen war noch stärker geworden. Als ich unter dem Hüttenvordach neben Freund Karl, der dort seinen Grillplatz eingerichtet hatte, stand, kam mir das alte Soldatenlied in den Sinn:

Wir zieh'n auf stillen Wegen,
die Fahne eingerollt.
Es rinnt so leis' der Regen,
als wär' es so gewollt.

Die Stille auf dem Zufahrtsweg zur Jagdhütte wurde abgelöst durch das Motorengeräusch anrückender Fahrzeuge. Wagentüren knallten zu. Und dann kamen sie, unsere Jagdgenossen. Selbst Bürgermeister und Jagdvorsteher hatten es sich nicht nehmen lassen, trotz des schlechten Wetters unserer Einladung Folge zu leisten. Mit großem Hallo trabten sie durch die Dunkelheit, um sich ins Zeltinnere zu ergießen. Aber auch draußen goss es; inzwischen goss es sogar im Zelt. Aus den Rinnsalen, die sich unter den Zeltwänden herschoben und unter Tischen, Bänken und Stühlen herschlängelten, entstanden im Nu kleine Bäche. Gespenstisch sah das Ganze im Schein der Petroleum-Lampen aus.

Als Bauer Andres, unser Dorfbürgermeister, plötzlich seine Füße auf den Tisch legte, weil ihm das Wasser in die Schuhe schwappte, war das das Signal zum fluchtartigen Verlassen unseres Prachtzeltes. Stimmungsmäßig tat das nicht den geringsten Abbruch. Mit großem Hallo wurde jeder fluchtartige Abgang aus dem Zelt in Richtung Hütte begleitet.

Klein, aber fein war unserer Meinung nach die Jagdhütte. Nach und nach war allen die Flucht ins Trockene gelungen – jeder Neuankömmling wurde mit einem Doppelten in Empfang genommen. So standen oder saßen schließlich achtundzwanzig Personen dicht an dicht gedrängt in unserer dreißig Quadratmeter großen Hütte. Die beiden Feldbetten, die uns so manches Mal als Ruheplatz dienten, waren längst durch das Fenster unter das Vordach der Hütte ins Freie gewandert. „Grillmeister" Karl hatte es sich dort mit ein paar seiner tierärztlichen Kunden auf den Matratzen bequem gemacht. Genüsslich drehte er dort am Spieß seinen – wie er sagte unseren – Rollbraten. Das Gros der Versammlung aber saß in der Hütte. Ja, sie saßen, wenngleich ich heute noch nicht weiß, wie das bewerkstelligt worden ist. Aber wie heißt es doch: Platz ist in der kleinsten Hütte! Es herrschte eine Bombenstimmung. Bei Petroleum- und Kerzenlicht wurde mancher Schluck getan; es wurde gesungen und gelacht. Der Bratenduft, der durch das Fenster der Hütte ins Innere zog, wirkte als vorzüglicher Appetitanreger. Gegrillte Würstchen und Steaks gingen auf kurzem Wege vom Grill durch das Fenster an den Empfänger. Nur der Rollbraten hatte seine Tücken! Begleitet von den Kommentaren der Jagdgenossen drehte unser Vieh-Doktor verzweifelt seinen Bratspieß. Als der Braten endlich gar war, wurde er als Nachtisch verzehrt;

An diesem Abend geriet die holde Weiblichkeit, vertreten durch die Frauen des Jagdvorstehers, unseres Tierarztes, unseres Jagdaufsehers und durch meine bessere Hälfte im wahrsten Sinne des Wortes in arge Bedrängnis. Eingeklemmt zwischen vierundzwanzig kräftigen Mannsbildern hatten sie ihre liebe Not, sich zu behaupten. Dennoch haben sie später einhellig erklärt, lange keinen so schönen Abend erlebt zu haben wie diesen.

Ich habe lange zu ergründen versucht, worin der Reiz für unsere Damen gelegen haben könnte. Sollte es die wiederholt von Ortsbürgermeister Andres gesanglich vorgetragene Aufforderung: „Mädel ruck, ruck, ruck, ruck an meine grüne Seite ..." gewesen sein? Oder war es bei der herrschenden Enge die nachbarliche Zwangsberührung mit Tuchfühlung? Egal; es war schön!

Langsam ging es auf Mitternacht zu. Die verglimmende Holzkohle auf dem Grill, der noch zwei einsame Bratwürstchen beherbergte, erleuchtete nur noch schwach den Vorplatz der Hütte. Es war, als ob die verlöschende Glut konform ging mit dem Nachlassen des Regens. Noch eine gute Stunde dauerte es, bis sich die in Hochstimmung befindliche Hüttenbesatzung entschloss, das Feld, sprich die Hütte zu räumen.

Als ich mich zusammen mit meiner Frau von der Jagdgesellschaft verabschiedete, war der Aufbruch in heimatliche Gefilde voll im Gange. Hubert, mein Jagdaufseher, hatte es mit Frau Maria übernommen, die Hütte „dicht" zu machen.

Der Regen hatte aufgehört. Eine sommerliche Juli-Nacht entfaltete ihren Zauber. Glühwürmchen flimmerten im feuchten Gras und Buschwerk, als ob sie uns „heimleuchten" wollten. Am anderen Morgen hat Jagdaufseher Hubert mir gestanden, dass er bei den Aufräumungsarbeiten pflichtgemäß die letzten beiden Würstchen vom Grill vertilgt hätte, obwohl ihm das schwergefallen sei. Ein Schüsseltreiben nach einer Treibjagd, die wir durch unser „Hüttenfest" ersetzt hatten, hätte – nicht nur nach seiner Meinung – nicht schöner sein können!

Oh, du schöner Knödelbogen

Alle schwärmen, ungelogen,
vom abendlichen Knödelbogen.
Der Treiber Franz, ganz frisch vermählt,
hat seine Frau damit gequält,
dass er zur Hasentreibjagd ging
und einen Riesenrausch sich fing.
Man schleppte ihn vereint nach Haus.
Da brach sein Weib in Klagen aus.
"O jemine! O große Not!
O Schreck lass nach! Mein Mann ist tot!
Stocksteif liegt er vor meiner Tür,
und das des Morgens um halb vier!"
Da schlug der Franz ein Auge auf
und lallte: "Is' scho' recht!
Ab heute ich nur Wasser sauf'.
Das letzte Bier war schlecht!"

Der Regenbogen-Bock

Es war Sommer. Gestern Abend war beim Abendansitz ein heftiger Gewitterregen niedergegangen, der mit Blitz und Donner die ganze Nacht über angehalten hatte. Als ich heute Morgen in der Dunkelheit vor die Tür trete, um mich zum Morgenansitz zu rüsten, tropft es noch schwach von den Bäumen.

Die Räder meines Jagdwagens ziehen auf dem nassen Asphalt zischend ihre Spuren. Es ist kaum Betrieb auf der Straße. Ich habe das Gefühl, es könnte ein schöner Morgen werden. Am Ortseingangsschild vor dem Dorf verlasse ich die Landstraße und biege in den Feldweg am Schwedenkreuz ein. Die Lichtkegel der Scheinwerfer huschen in der Kurve über die regennassen Grasbüschel und Brombeersträucher. Ich zucke zusammen, als dicht vor mir sich zwei gleißend fluoreszierende Lichtpunkte ins feuchte Gras drücken. Ein Fuchs! Sollte es der Brandfuchs mit der weißen Luntenspitze sein? Seit Wochen bin ich ihm auf den Fersen. Rasch lege ich den Rückwärtsgang ein und lasse die Scheinwerfer meines Wagens kreisen. Vergeblich! Reineke hat sich entweder gedrückt oder ist im Schutze der Dunkelheit davongeschlichen. Wenn ich die überdachte Ansitzleiter auf der anderen Straßenseite im Buchenhochwald beziehe, kommt er vielleicht in der Morgenfrühe bei mir vorbei? Also lasse ich meinen Wagen am Rande des Feldweges stehen und nehme Kurs auf diesen aussichtsreichen Platz. In sommerlicher Jagdkleidung, ausgerüstet mit Büchse, Jagdmesser und Fernglas ist der Weg in den Wald bei angenehmen Temperaturen leicht zu bewältigen. Vereinzelt tropft es noch von den Bäumen. Am Himmel hat sich die Bewölkung aufgelockert. Nach dem erlösenden Sommerregen wird das Wild heute Morgen in Bewegung sein.

Gespannt, ob sich meine Erwartung erfüllt, beziehe ich noch im Dunkeln meine Ansitzleiter. Sie steht im Buchenhochwald. Hinter mir eine borstendichte Fichtendickung; vor mir, zwischen den Buchenstämmen durchschimmernd, der matte Schein der freien Feldflur. Bis zum Waldrand sind es knapp einhundert Meter. Als ich mich auf dem Sitzbrett der überdachten Leiter niederlasse, wird mein Hosenboden unangenehm feucht. Der Gewitterregen hat mir einen Streich gespielt – oder das Pappdach ist nicht dicht! Im Hellen werde ich die Ursache ergründen. Jetzt drehe ich zunächst das Sitzbrett um und lasse mich auf der trockenen Unterseite nieder. Die Büchse liegt griffbereit auf den Geländeholmen des Leitersitzes. Noch habe ich Zeit, in der noch herrschenden Dunkelheit ein wenig zu träumen. Ein laues Lüftchen weht vom Feld durch den Buchenwald. Nach einer Viertelstunde steigt die Morgendämmerung herauf. Es wird grau; und schon bald kann ich im Nachtglas Einzelheiten und Konturen erkennen. Die ausgetretenen Wildwechsel auf dem begrünten Waldboden, die sich links und rechts neben meiner Leiter zwischen den Stämmen herschlängeln, werden deutlich erkennbar. Vielleicht tut Reineke, der sich vorhin unsichtbar gemacht hat, mir den Gefallen und schleicht auf einem dieser Wechsel zu seinem Bau, der bekanntermaßen in der Fichtendickung hinter mir liegt?

Die Helligkeit hat rasch zugenommen. Auf das Nachtglas kann ich jetzt verzichten; die Vergrößerung des Zielfernrohres reicht aus, um mögliche Ziele ansprechen zu können. Aber noch tut sich nichts. Der Morgen hat die letzten abziehenden Wolken der nächtlichen Gewitterfront vertrieben. Rot steigt der Feuerball der Sommersonne am Horizont empor. Der Wald dampft. Ein fantastischer Anblick, wenn die flach einfallenden Sonnenstrahlen zwischen den Stämmen im Morgendunst ein Hell-Dunkel-Bild zeichnen! Die Vogelwelt ist erwacht und begrüßt den neuen Sommertag mit vielfältigem Gesang. Die Finken schlagen, die Meisen lassen ihr munteres „Zizigü" erklingen und die Drosseln flöten ihre schönsten Melodien. Zwischendurch ruckst der Tauber. Bussard und Turmfalke lassen ihren durchdringenden Jagdruf erschallen. Das sind die Eindrücke, die den Jäger mit der Kreatur verbinden; das sind die Stunden, die den Jäger für manches Stück harte Arbeit zum Nutzen von Wald und Wild entschädigen; das sind die Augenblicke, in denen sich der Jäger als Teil der Schöpfung empfindet.

Ein langsam zwischen den Bäumen heranhoppelnder Hase reißt mich aus meinen Gedanken. In aller Ruhe beäst er die Waldbeersträucher, hoppelt ein Stück weiter, um sich zu putzen und das Wasser, das ihm beim Haseneinlauf durch die feuchte Wiese arg zu schaffen machte, aus dem Balg zu schütteln.

Es dauert, bis er schließlich unter meiner Leiter angekommen ist und auf meine Spur stößt. Argwöhnisch beschnuppert er meine Stiefelabdrücke. Er baut einen Kegel und untersucht die Leiter, um dann mit einem Satz in der nahen Dickung zu verschwinden. Wenn nun noch Reineke, sein Erzfeind, auftauchen würde, wäre mein jagdliches Hochgefühl vollkommen. Dem roten Freibeuter würde ich nicht die Chance geben, ungeschoren davonzukommen!

Umsonst meine Überlegungen; der rote Räuber taucht nicht auf. Aber die Hoffnung gebe ich nicht auf! Das „Vielleicht" bei der Jagd bleibt immer bestehen.

Und wieder ist eine halbe Stunde vergangen. Der herrliche Sommermorgen hat mich voll für mein Warten entschädigt. Draußen steigt die Sonne höher und zieht die Bodenfeuchtigkeit als Dunstschwaden empor zu den Baumwipfeln. Der Morgentau hängt noch glitzernd an Gräsern und Büschen.

Als ich meinen Blick nach links wende, stutze ich. Da war doch eine Bewegung hinter den Baumstämmen? Ein roter Schatten hat sich hinter den wie silbergraue Säulen wirkenden Buchen zwischen zwei Stämmen bewegt!

Kommt er also doch noch, mein Fuchs?

Die hintereinander stehenden Stämme versperren mir die Sicht. Gut so, denn nun kann ich in Ruhe mein Fernglas bedienen. Das Glas vor Augen, so warte ich unbeweglich ab, was sich dort in Schussentfernung zeigen wird. Vorhin hatte ich den Eindruck, ein Stück Wild würde sich in kurzen Sätzen auf mich zu bewegen.

Tatsächlich! Aber, das ist kein Fuchs! In der Farbe habe ich mich nicht getäuscht. Brandrot „hoppelt" ein Stück Rehwild zwischen den Stämmen! Ein Bock; ein junger Bock. Mühsam bewegt er sich voran, den rechten Vorderlauf stark schonend. Äußerlich kann ich bei dieser Entfernung keine Verletzung erkennen. Aber das Stück muss Schmerzen haben. Es humpelt erbärmlich.

Ohne lange Überlegung greife ich zur Büchse. Ein rasches Ende wird für das kranke Stück eine Erlösung sein. Sorgsam verschaffe ich mir eine sichere Gewehrauflage. Ich warte, bis das Stück breit steht und das Haupt oben hat. Als es einen Holunderstrauch beäst, steht der Stachel des Zielfernrohres schon fest auf dem Blatt.

Als der Schuss bricht, erlebe ich eine seltsame Erscheinung. Im Knall bildet sich um den Bock herum eine Aureole, ein Strahlenkreuz. Die Auftreffwucht des Geschosses hat das Wasser in der Decke in feinste Tröpfchen zerstäubt. Für einen kurzen Augenblick bricht sich das Sonnenlicht in den Farben des Regenbogens in diesem Feuchtigkeitsschleier. Im Knall bricht der Bock zusammen. Zusammen bricht auch der „Regenbogen".

Beeindruckt, aber zugleich erleichtert, setze ich die Büchse ab. Dieses Mal verzichte ich auf das sonst obligatorische Nachladen. Ein Regenbogen. Ein Zeichen des Friedens, hat über meinem Bock gestanden! Es dauert eine Weile, bis ich einen anderen Gedanken fassen kann. Warum hat der Bock den rechten Vorderlauf geschont? Ich baume ab und trete an das gestreckte Stück heran, das jetzt wie friedlich schlafend auf der rechten Seite im Moos liegt. Der Einschuss auf dem Blatt ist kaum zu finden. Sorgfältig untersuche ich den rechten Vorderlauf und stelle fest, dass er einen noch nicht verheilten Bruch des Oberschenkels aufweist.

Die ersten Aasfliegen umschwirren den Bock, einen schwachen zweijährigen Gabler. Sie hätten ihm bei dieser Verletzung mit offener Wunde das Leben schwergemacht. In Ruhe versorge ich das Stück und halte gedankenverloren, nachdem ich ihm den letzten Bissen in den Äser geschoben habe, eine lange Totenwache. Bei meinem „Regenbogenbock"!

Es war in diesem Jahr mein erster und letzter Bock.

Wenn der Hund nicht ...

Jagd ohne Hund ist Schund! Diesen Spruch hatte ich mir zu Herzen genommen, als ich mein Zeugnis nach bestandener Jägerprüfung freudig erregt in Händen hielt. Nun wollte ich auch ein perfekter Jäger sein. Lang ist's her, aber ich erinnere mich gern daran zurück. Ein Hund musste her, koste es was es wolle! Das Problem waren nicht die Kosten oder Räumlichkeiten – sondern Schwiegermutter Thereschen. Gemeinsam lebte sie in Frieden und Eintracht mit meiner Frau, unserer Tochter und mit mir im gemeinsamen Haushalt, im neu erbauten Haus. Schwiegermutter war eine patente Frau, mit viel Verständnis für die praktischen Dinge des Lebens. Einen neuralgischen Punkt gab es allerdings in ihrem Leben; sie konnte keine Hunde ausstehen!

Mein erster zaghafter Versuch, sie mit dem Gedanken an die Anschaffung eines Hundes vertraut zu machen, wurde brutal abgeschmettert. „Ihr habt die Wahl zwischen einem Hund und mir. Kommt ein Hund ins Haus, dann ziehe ich aus!" Mit diesem Gedanken hätte ich gut leben können; bei meiner Frau zeigte diese Drohung allerdings leichte Wirkung, während unsere Tochter keinerlei Reaktion zeigte. So verstrich die Zeit; es ging bereits auf Weihnachten zu. Immer wieder studierte ich die einschlägigen Jagdzeitschriften, um nach einem vierbeinigen Jagdgefährten Ausschau zu halten. Schwiegermutters Widerstand gegen die Anschaffung eines Hundes schien inzwischen geringfügig schwächer geworden zu sein. Aber die Drohung „Ich oder ein Hund" stand immer noch im Raum.

Inzwischen hatte ich aber auch meine Taktik geändert, indem ich meine Wünsche von der Größe des Hundes reduzierte. Aus einem anvisierten Vorstehhund war bereits ein Jagdteckel geworden. Meine Frau war bereits längst in Bezug auf einen „handlichen" Hund meine Verbündete. Und als ich von den Qualitäten eines Rauhaarteckels schwärmte, gab sie grünes Licht für einen Überraschungsangriff auf Mutter Thereschen. Gemeinsam wollten wir es wagen, ihr einen Rauhaarteckel-Welpen ins Haus zu bringen, mit dem Versprechen, im Garten einen großen Zwinger zu bauen. Es war ein Tag vor Heiligabend. Der Weihnachtsbaum stand bereits eingestielt im Wohnzimmer und wartete darauf, geschmückt zu werden. In der letzten Ausgabe der Jagdzeitschrift war ein Angebot zur Abgabe eines Rüden aus einem Wurf Rauhaarteckel erschienen. Jetzt oder nie! So lautete der gemeinsame Entschluss von mir und meiner Frau. Die Gelegenheit war günstig; Schwiegermutter war in der Stadt zum Einkaufen. Am späten Nachmittag machten wir uns mit dem Wagen auf den Weg zum siebzig Kilometer entfernt wohnenden Züchter, um unseren Wunschhund in Augenschein zu nehmen. Unterwegs kreiste unser Gespräch immer wieder um die Frage: Was wird Mutter Thereschen wohl zu dem Hund sagen?

Und dann waren wir an unserem Ziel, dem Zwinger „Vom Grafenforst". Nach freundlichem Empfang durch den Züchter nahmen wir zur Kenntnis, dass nur noch der letzte Welpe aus dem Wurf abzugeben sei. Mit gedämpfter Erwartung blieben wir im Wohnzimmer zurück, während der Welpe, das unbekannte Wesen, aus dem Zwinger geholt wurde.

Minuten später lag das kleine Knäuel zu unseren Füßen. Immerhin schon zehn Wochen alt, beschnupperte es uns neugierig, um sich dann der Umgebung zuzuwenden. Zweifellos ein Rüde, Farbe braun, schokoladenbraun, ein kurzes, harsches Rauhaar. Uns schien der Teckel ein bisschen lang gebaut zu sein. Ein Paar zusätzliche Beine in Bauchmitte hätten gut zur Figur gepasst. Aber das sagten wir natürlich nicht.

Nachdem wir mit dem Züchter handelseinig geworden waren, wurde nunmehr „unser" Hund im mitgebrachten Rucksack verstaut, liebevoll betreut von meiner Frau. Als nach der Verabschiedung der Wagen ansprang, lag der kleine Kerl zitternd auf ihrem Schoß. Kein Wunder bei den vielen neuen Eindrücken. Mir kam es vor, als wäre die Rückfahrt in der Dunkelheit kürzer gewesen als die Hinfahrt in der Helligkeit. Ja, und dann standen wir vor unserer Haustür. Vorsorglich hatten wir unsere Tochter vor Antritt der Fahrt über unser Vorhaben unterrichtet.

Es bestand die Aussicht, dass sie Mutter Threschen inzwischen von unserer Expedition weiter unterrichtet hatte.

Wir hatten richtig vermutet. Somit blieben uns große Erklärungen erspart, als wir ins Haus traten und mit Rucksack und darin verstautem Hund Einzug hielten. Schwiegermutter war stumm. Nur ein Kopfschütteln zeigte ihren Unwillen an.

Mit versteinerter Miene verfolgte sie unser Tun. Ganz vorsichtig setzte meine Frau den Schokoladenbraunen auf den Teppich im Wohnzimmer. Schnüffelnd zog der kleine Kerl auf den in der Ecke stehenden Weihnachtsbaum zu und hob das Bein. Wir hielten die Luft an. Aber dann brach sich ein befreiendes Lachen Bahn. Und siehe da, Schwiegermutter Threschen lachte verhalten mit. Der Bann war gebrochen, das Weihnachtsfest gerettet. Ich hatte mein schönstes Weihnachtsgeschenk.

Bereits am Abend des zweiten Weihnachtstages stand fest, dass der geplante Zwingerbau im Garten unnötig sei. Alles drehte sich an den Feiertagen um ihn, unseren Rauhaarteckel-Welpen. Quito hieß er laut Stammbaum, der sich in Bezug auf die jagdlichen Qualitäten seiner Ahnen sehen lassen konnte. Aber „Quito"! Das klang wie das Quietschen einer verrosteten eisernen Gartentür. Also musste ein neuer Name her. Der Familienrat einigte sich auf „Ricco". Und fortan hieß unser Teckel mit der braunen Nase Ricco. Wie sich später herausstellte, hatten wir bei der Anschaffung des Hundes den Spruch „Junger Jäger – alter Hund; alter Jäger – junger Hund" Lügen gestraft. Im Nachhinein kann ich nur feststellen, dass in unserem Falle „Junger Jäger – junger Hund" die richtige Devise war.

Wie das im Leben so üblich ist, wurde aus unserem Welpen ein „richtiger" Hund. Ricco war gelehrig und zeigte schon bald seine gute Veranlagung. Seine ersten Leistungen erbrachte er auf der Schweißfährte, wenn er auf das Kommando „Such den Schuh" durch das Haus stürmte und nicht eher Ruhe gab, bis er Herrchens Pantoffel gefunden und stolz apportiert hatte.

Diese Leistung wurde von Schwiegermutter Thereschen neidlos anerkannt und dadurch honoriert, dass sie dem Schokoladenbraunen heimlich manchen Leckerbissen zusteckte. Zwischen den Beiden entstand so etwas wie eine heimliche Liebe, die erst so richtig offenbar wurde, als Schwiegermutter, da sie sich unbeobachtet fühlte, Ricco mit dem Gruß „Guten Morgen, mein Sohn" abliebelte. In Riccos Entwicklung gab es allerdings auch Negativerlebnisse, die bei näherer Betrachtung dennoch positiv zu bewerten waren. Beim abendlichen Spaziergang durch die Feldflur schleppte er seine erste Beute heran. In einem völlig unpassenden Augenblick. Gerade unterhielt ich mich mit dem mir bekannten Jagdaufseher des uns umgebenden Großstadtreviers, der über seine liebe Last mit den frei laufenden Großstadthunden berichtete. Es war mir schon unangenehm, dass Ricco sich seit einer geraumen Zeit meinen Blicken entzogen hatte und irgendwo in der kniehohen Saat der links und rechts liegenden Kornfelder steckte.

Meine gesamte Überzeugungskraft, die ich aufwandte, um den Jagdaufseher von der Ungefährlichkeit meines Ricco zu überzeugen, wurde zunichte gemacht, als Ricco dicht neben uns auftauchte und mir ein totes Rebhuhnküken zu Füßen legte. Peinlich, peinlich! Nur der Umstand, dass das Küken steif und kalt war, bewahrte uns vor härterer Auseinandersetzung. Aber heimlich war ich stolz auf meinen Ricco! Ähnliche Gefühle beschlichen mich, als Ricco das erste Paar Damenstrümpfe auf seinem „Beutekonto" verbuchte. Der Schokoladenbraune hatte sich einen Platz vor der Haustür zu Eigen gemacht, wo er auf der Fußmatte gern ein Sonnenbad nahm. Ich selbst hätte mir keinen besseren Platz ausgesucht. Von hier aus konnte man die in den Grundstückshang eingearbeitete Freitreppe und die Straße bestens beobachten. Diese friedliche Beschäftigung wurde für unseren Hund nie langweilig. Vorsichtshalber hatten wir ihn kurz angeleint. Diese Ruhe wurde eines Morgens empfindlich gestört. Eine couragierte Werbedame verschaffte sich Eingang zu unserem Grundstück und versuchte, die von Ricco bewachte Freitreppe zu erklimmen. Dieser gab sein Missfallen darüber durch lautes Bellen rechtzeitig zu erkennen, wobei die Lautstärke beim Hochsteigen der Dame von Stufe zu Stufe zunahm. Der Höhepunkt war erreicht, als die werbebesessene Dame unseren „Hofhund" ignorierte und über ihn hinwegzusteigen versuchte, um heftig die Glocke an der Haustür zu betätigen. Das war zu viel für unseren kleinen Hund mit dem großen Herzen.

In Sekundenschnelle verwandelte sich unser friedlicher Ricco in eine Bestie. Im Hechtsprung erwischte er die Strumpfhose der Dame. Mit zerrissenen Nylons landete die Ungebetene am Fuße der Treppe, auf deren oberstem Podest Ricco ihr als „Sieger" ein paar giftige Kläffer nachschickte.

Als ich abends nach Hause kam und die Story brühwarm erzählt wurde, war ich zwar bereit, der Dame eine neue Strumpfhose zu stiften, während Ricco mich mit seinen treuen Dackelaugen ansah, als ob er sagen wollte: „Das hättest du doch auch wohl getan!" Zwar gab ich ihm keine Antwort aber verstohlen abgeliebelt habe ich ihn dennoch.

Natürlich hatte ich Ricco rechtzeitig in die Schule „geschickt", um dort die erwünschten Fähigkeiten eines Jagdhundes zu erlernen. Sein Lehrer war einzig und allein ich. Diese Freude wollte ich auskosten. Meine Bemühungen wurden durch ein immer enger werdendes Verhältnis zwischen Herrn und Hund belohnt. Wenn Ricco dazu einen Kommentar hätte geben können, dann hätte der gelautet: „Was heißt hier Herr und Hund? Wir sind unzertrennliche Freunde!" Ja, so war es. Ricco reagierte auf jedes Kommando bzw. Zeichen. Es war eine Freude, mit ihm zu arbeiten. Spurwille und hervorragende Nase zeichneten ihn aus. Was also lag näher, als ihn zur Vielseitigkeitsprüfung, dem Hundeabitur, anzumelden. Bestandene Prüfungen besitzen in unserem geliebten Vaterland noch immer einen gesteigerten Wert. Zum nächsten Termin standen mein Hund und ich auf der Meldeliste des Deutschen Teckel-Klubs.

Ich will es kurz machen. Wir siegten! Wir siegten auf der ganzen Linie und wurden Gewinner des Wanderpreises der Kreisgruppe für den besten Prüfungshund.

Nur ein paar Glanzpunkte sollen hier erwähnt werden. Bei der Anfahrt zum fünfzig Kilometer entfernten Prüfungsort musste Herrchen dringend aus der Hose. Der Abstecher frühmorgens von der Hauptstraße auf einen abzweigenden Feldweg, der für das Geschäft genügend Deckung versprach, endete mit einem Fiasko. Herrchen kam zwar gut aus der Hose, der Wagen aber nicht mehr aus dem Graben, in dem er sich beim Wenden festgefahren hatte. So zogen der Prüfling Ricco und sein Ausbilder treulich vereint zu Fuß weiter. Mit Ricco und Rucksack, seinem heiß geliebten Rucksack, stand ich am Straßenrand als Anhalter, um für die letzten Kilometer bis zum Ziel von einem verständnisvollen Pkw-Fahrer mitgenommen zu werden. Pünktlich waren wir am Prüfungsort. Die Korona der Prüfungskandidaten und ihrer stolzen Besitzer erwartete uns bereits. Aus der Unterhaltung konnte ich entnehmen, dass es sich ausschließlich um Experten handelte, zwischen denen wir, mein Hund und ich – oder eigentlich doch nur ich? – uns klein und hässlich vorkamen. Doch schon bei den ersten Teilprüfungen wurden wir stärker. Beim Stöbern ging mein Ricco, im Gegensatz zu manchem anderen Hund, ab wie eine Rakete und brachte Hase und Reh aus der Dickung vor die erstaunten Augen der Preisrichter, die den Schokoladenbraunen, so nannten auch sie ihn inzwischen, bereits in ihr Herz geschlossen hatten.

Das gab mir als unerfahrenem Hundeführer den Mut, meine Nase ein wenig höher zu tragen. Gehorsamsprüfung, Schussfestigkeitsprüfung, – Ricco lag wie ein Monument auf „seinem" Rucksack – und Schweißprüfung verliefen erfolgreich.

Nachdem ich am Ende des ersten Prüfungstages mithilfe eines Treckers meinen am Morgen in den Graben gefahrenen Wagen wieder flottgemacht hatte, trat Ricco mit mir glücklich die Heimfahrt an. Am nächsten Tag war nur noch die Spurlautprüfung zu absolvieren, eine unserer leichtesten Übungen. Zu Hause gab es natürlich viel zu erzählen. Die bewundernden Blicke und die Liebkosungen der Familienmitglieder ließ Ricco in stoischer Ruhe über sich ergehen, nur Auge und Ohr für sein Herrchen.

Frühmorgens starteten wir am anderen Tag zum zweiten und letzten Prüfungsteil. Diesmal ging die Fahrt auf der bereits bekannten Strecke glatt vonstatten. Als wir den Kreis der Prüfungskandidaten betraten, waren schon einige kleinlauter als am Vortage. Man hörte Ausdrücke wie „Versager" oder „Das ist kein Schweißhund, das ist ein Scheißhund", mit denen einige Hundeführer ihre Hunde titulierten. Ricco und ich konzentrierten uns inzwischen auf die Spurlautprüfung.

Und dann ging es los. In breiter Front zogen die Prüflinge und die Prüfungskommission über die Felder. Hasen gab's, dass es eine Freude war. Das helle Geläut der Prüfungsteckel auf der frischen Hasenspur verstärkte diese Freude. Leider blieben auch einige Hunde stumm; sehr zum Leidwesen ihrer Führer.

Dann kamen Ricco und ich an die Reihe. Ich flüsterte meinem Hund zu: „Aufpassen!" Wir bekamen einen „Bilderbuchhasen", d. h. zehn Schritte vor uns flüchtete ein kapitaler Mümmelmann aus der Sasse. Völlig sicher, erfolgreich zu sein, setzte ich meinen Ricco an und gab ihn frei. Und dann passierte etwas Unfassbares! Mit krummem Rücken kroch der Schokoladenbraune förmlich ein paar Meter voran, ohne sich um die Hasenspur zu kümmern. Unglaublich mein Ricco stürmte nicht wie gewohnt davon. Nein, er setzte den erstaunten Richtern einen – gewaltigen Haufen vor die Nase! Dann kam er zu mir zurück mit einem Ausdruck, als hätte er sagen wollen: Erinnere dich an gestern morgen, als du aus der Hose musstest. Was du gekonnt hast, kann ich auch – was hiermit zu beweisen war!

Ich war sprachlos. Sprachlos waren auch die Richter. Mein Schokoladenbrauner, der jetzt schon ihr Schokoladenbrauner war, hatte ihnen einen schokoladenfarbenen Haufen vor die Nase gesetzt! Kurz und knapp. Die Richter zogen sich, nachdem sie meinen Hund und mich ausgiebig gemustert hatten, zur Beratung zurück, um dann das salomonische Urteil zu fällen: Der Hund bekommt einen zweiten Hasen!

Mir fiel ein Stein vom Herzen. Unsicher geworden, zog ich mit meinem Ricco weiter über das Feld. Ich war mutlos; Ricco war die absolute Ruhe in Person. Und dann bekamen wir unsere zweite Chance. Zwanzig Meter links von uns wurde ein Dreiläufer flüchtig. Eilig stolperte ich, mit meinem Hund unter dem Arm, über den Acker und setzte ihn an der Sasse an. Horridoooo! Jiff, jiff, jiff, jiff – ab ging die Post. Zunickend sahen mich die Herren Richter an. Ich atmete auf; das Geläut von Ricco war noch schwach zu vernehmen, als ich den Hund zurückpfiff. Und er kam! Mit flimmernder Rute sah er seinen Ausbilder an. Seine Augen sagten: „War doch klar, oder?" Als ich ihm die Halsung anlegte, war ich stolz auf meinen Hund.

Am späten Nachmittag erfolgte im nahe gelegenen Gasthof die Bekanntgabe der Prüfungsergebnisse mit anschließender Siegerehrung aus Anlass der diesjährigen Vielseitigkeitsprüfung der Kreisgruppe. Glücklich über den Eindruck, dass mein Ricco die Prüfung bestanden hatte, betrat ich mit ihm die Gaststube, in der es bereits hoch herging. Gäste, Richter, Hundeführer und Prüfungshunde löschten erst einmal ihren Durst, bis dann endlich die mit großer Spannung erwartete Bekanntgabe der Prüfungsergebnisse und Ausgabe der Prüfungszeugnisse erfolgte. Bestanden hatten zwölf von fünfzehn Prüfungshunden. Dann erfolgte die Bekanntgabe des Prüfungsbesten und Kreisgruppensiegers. Er hieß Quito vom Grafenforst. Ich schaute meinen Ricco an, um ihm unter dem Tisch zu sagen, dass es also noch bessere Hunde als ihn gäbe. Als sich keiner der Anwesenden als Sieger meldete, wurde ich stutzig. Dann begriff ich. Quito! Das war doch der Name meines von mir umgetauften Ricco laut Ahnentafel. Ganz sicher war ich mir erst, als der Vorsitzende vom „Schokoladenbrauen" sprach und den schokoladenfarbenen Haufen erwähnte, über den wir beinahe gestolpert wären.

Stolz nahmen wir dann Zeugnis, Urkunde und Wanderpreis der Kreisgruppe im Empfang, um nach einem Schluck auf den Sieger Quito, genannt Ricco, uns zu bedanken und zu verabschieden. Dann hielt uns nichts mehr in der Gastwirtschaft. Wir fuhren glücklich auf schnellstem Wege nach Hause, um dort unseren Sieg zu feiern und Riccos Ruhmestat zu verkünden.

Die Erklärung für Riccos „Ruhmestat" in Form seines den Richtern vorgesetzten Haufens fand sich schnell. Mein holdes Weib hatte ihn am frühen Morgen vor der Abfahrt vollgestopft mit leckeren Fleischbrocken, um ihn stark zu machen für die bevorstehenden Strapazen. Und Schwiegermutter Thereschen hatte zusätzlich in bester Absicht, damit der Hund nur durch die Prüfung kommen möge, ihm eine Sonderration verabreicht. Somit konnte man bei Riccos Verhalten im wahrsten Sinne des Wortes von „Notdurft" ausgehen, als er die Richter und mich durch sein ungebührliches Benehmen schockierte.

Dreizehn Jahre lang hat mich Ricco auf der Jagd begleitet. Dreizehn Jahre lang waren wir ein eingespieltes Team. Die Stunde des Abschieds kam plötzlich. Als es Nacht wurde im Revier, hatte ich mit meinem Hund gerade den Abendspaziergang beendet. Urplötzlich verhoffte der treue Freund, jaulte herzzerreißend auf und brach bewusstlos zusammen.

Etwas war ich vorgewarnt, denn vor ein paar Tagen hatte er beim Hetzen eines Hasen ähnliche Erscheinungen gezeigt. Der Tierarzt hatte ihm daraufhin Herzschwäche bescheinigt. Sein kleines, großes Herz stand still, als es Nacht wurde im Revier.

Schicksalhafte Entscheidung

Die Blätter färbten sich gelb; der Wald wurde bunt. Der Herbst hatte seinen Einzug gehalten. Die Zeit war gekommen, um den Rickenabschuss zu erfüllen.

Die Kanzel an der Bullenwiese war mein Ziel, als ich am frühen Nachmittag in den Wald fuhr. Sie war umrahmt von saftigen Wiesen, die dem Rehwild reichlich Äsung boten, und stand am Rande des Buchenhochwaldes. In dem leicht abfallenden Gelände plätscherte ein Bächlein, mehr war es nicht, munter dahin. Es war ein Platz, der zum Träumen geeignet war, wenn man den Blick von der Kanzel genoss. Hin und wieder tuckerte ein Trecker durch die Flur, ohne als störend empfunden zu werden. Vor mir in der Wiese hatte sich ein Häschen festgesetzt, hin und wieder ein Gräschen zupfend, fast wie versteinert vor sich hin mummelnd. Wenn sich die Löffel nicht bewegt hätten, ich hätte den Mümmelmann als braunen Feldstein angesprochen. Meister Lampe saß wie angewurzelt, und ich hatte ausgiebig Gelegenheit, ihn mit achtfacher Vergrößerung meines Fernglases zu beobachten. Plötzlich aber baute er einen Kegel und äugte angestrengt zum gegenüberliegenden Waldrand, um dann rasch wieder ins Gras zu tauchen. Für mich war das ein Grund, um den Waldrand durch das Fernglas aufmerksam zu beobachten. Dort war alles ruhig, wie mir schien. Allzu gern hätte ich das Auftauchen einer Ricke wahrgenommen; aber der Wunsch ging nicht in Erfüllung.

Ein paar Minuten waren vergangen, als ich wieder meinen Meister Lampe durch das Fernglas anvisierte. Er lag jetzt wie der Dürer-Hase, zusammengekauert und die Löffel flach angelegt. Er verkörperte das Bild eines schlafenden Hasen.

Doch wie man sich täuschen kann! Urplötzlich baute er wieder einen Kegel und duckte sich ebenso schnell wieder nieder. Der gegenüberliegende Waldrand schien es ihm angetan zu haben. Erneut ging mein Blick in diese Richtung mit dem Ergebnis, dass ein samtschwarzer Punkt, der bisher dort nicht vorhanden gewesen war, hinter einem Grasbüschel in der Wiese auftauchte, etwa vierzig Meter von meinem vertrauten Hasen entfernt. Auch dieser schwarze Punkt verharrte lange Zeit unbeweglich im Grün der Wiese.

Der Blick durch das Fernglas brachte keine klare Erkenntnis. Für eine Schwarzdrossel verhielt sich das schwarze Etwas zu ruhig. Ein leichter Wind war aufgekommen und strich durch das Gras. Mir kam es vor, als ob die bewegten Grashalme den schwarzen Punkt zeitweilig verdecken würden.

Gerade als ich wieder die Feineinstellung meines Fernglases bediente, verschwand der schwarze Punkt völlig, um zwei Meter neben dem Ort des Verschwindens als schwarzer Strich, der durch das Gras schlich, wieder aufzutauchen. Das konnte nur eine Katze sein. Seit Wochen trieb ein starker schwarzer Kater im Umfeld einer verlassenen Viehhütte sein Unwesen. Etwa vierhundert Meter waren es bis zu dieser Hütte. Das musste der schwarze Teufel sein, der uns zuletzt mit einer gerissenen Ringeltaube entkam. Als verwilderte Hauskatze stand der streunende Kater in seiner Beuteauswahl dem Fuchs nicht nach.

Bis auf zwanzig Meter hatte sich die schleichende Katze inzwischen an den reglosen Hasen herangepirscht. Plötzlich kam Leben in ihn. Ein paar Sätze, und die alte Fluchtdistanz zwischen dem Hasen und der Katze war wiederhergestellt. Sollte der Kater wirklich einem ausgewachsenen Hasen nachstellen? Hatte ihn das Erlebnis mit einem erbeuteten Junghasen so kühn gemacht?

Tatsache blieb, dass die Katze zielstrebig ihre Jagd auf den Hasen fortsetzte. Wie ein schwarzer Panther schob sie sich langsam, schließlich Zentimeter um Zentimeter an den Hasen heran. Für mich war das die Entscheidung, um einzugreifen und dem Räuber ein Ende zu bereiten. Zwar hatte ich für die Bejagung des Rehwildes heute Nachmittag die Büchse im Kaliber 7 x 64 mitgenommen; für den starken Kater würde das Kaliber allemal reichen.

Mein Hase war zwischenzeitlich noch ein Stück auf mich zugehoppelt. Von der Seite her versuchte der Kater an ihn heranzukommen. Vor einem dicken Grasbüschel zeichnete er sich jetzt deutlich in der Wiese ab. Als der Schuss brach, schnellte er aus dem Gras einen Meter hoch und blieb dann regungslos am Fleck liegen. Sein Räuberleben war blitzschnell beendet. Mümmelmann baute indes einen Kegel, um dann in langen Fluchten im Walde zu verschwinden. Während dieser Aktion hatte ich mich voll auf den Hasen und die wildernde Katze konzentriert, sodass es mir entgangen war, dass der Himmel sich bedrohlich verdunkelt hatte. Aus dem lauen Lüftchen, das vorhin durch das Gras strich, hatte sich ein böiger Wind entwickelt. Blätter wirbelten durch die Luft. Die hölzernen Klappen der Schießluken an meiner Kanzel klapperten im Wind, der durch die Ritzen pfiff. Es war mehr als ungemütlich geworden. So entschloss ich mich, abzubaumen, um nach der gestreckten Katze zu sehen und heimzufahren. Den Wind im Rücken hatte ich Mühe, meinen Hut auf dem Kopf zu behalten. Als ich bei der Katze stand, erleichterte mich die Feststellung: Das ist der starke verwilderte Kater, der wie ein schwarzer Panther das Revier unsicher machte! Die Kugel hatte ganze Arbeit geleistet; aus dem geöffneten Fang blitzten mir die starken Fangzähne entgegen.

Eine plötzliche Windböe riss mir den Hut vom Kopf. Ihm nachspringend, traf mich ein abgerissener Buchenzweig, der durch die Luft wirbelte und meinen Blick nach rückwärts richtete. Um die Ecke des Hochwaldes herum konnte ich den Himmel über dem Dorf beobachten. Eine riesige schwarzblaue Wolkenwand schob sich dort am Horizont empor. Noch blitzte es nicht und kein Donner war zu hören. Aber das konnte nur eine Frage der Zeit sein. Es sah nach einem bösen Wetter aus.

Noch schwankte ich, ob ich heimfahren oder die sturmerprobte Bullenkanzel wieder beziehen sollte. Schließlich gab der erste grelle Blitz den Ausschlag. Nachdem ich die gestreckte Katze unter einem Holunderbusch abgelegt hatte, begab ich mich eiligst in Richtung meines abgestellten Jagdwagens. Im Walde war es unheimlich. Eine plötzliche Windstille begleitete mich auf den letzten Metern zum Fahrzeug. Als ich angelangt war und die Waffe im Wageninneren ablegte, brach der Sturm wieder mit voller Gewalt los. Äste wurden abgerissen, Zweige und Blätter wirbelten durch die Luft. Die Bäume bogen sich. Ein urgewaltiges Rauschen in den Baumkronen ließ Erinnerungen an die „Wilde Jagd Wotans" aufkommen, die unsere Urahnen in Furcht versetzte. Dieses Unwetter war furchterregend.

Heilfroh war ich, als ich mit meinem Wagen glücklich die offene Landstraße erreichte. Schwefelgelb war jetzt der Himmel. Unter Blitz und Donner prasselte der Regen, gepeitscht vom orkanartigen Sturm. Es war ein Inferno.

Endlich erreichte ich den schützenden Gasthof. Aufatmend rettete ich mich in die Gaststube, nachdem ich den Wagen in die Garage gefahren hatte, gerade noch früh genug, um dem nunmehr einsetzenden Hagelschauer zu entkommen.

Taubeneigroße Hagelkörner knallten auf die Dächer der Häuser. Aber auch die Dächer der im Freien abgestellten Fahrzeuge blieben nicht verschont. Zerbeulte Autobleche, geborstene Dachziegel und Glasscheiben waren das erste sichtbare Ergebnis des langsam abziehenden Unwetters. Der stürmische Wind legte sich erst in den Nachtstunden.

Am anderen Morgen stand die Sonne wieder blank am Himmel. Beim Frühstück las ich die Morgenzeitung, die von verheerenden Schäden im Landkreis berichtete. Wie mochte es wohl bei uns im Walde aussehen? Mit einem unguten Gefühl bestieg ich meinen Wagen und fuhr ins Revier.

Es sah böse aus. Zunächst wollte ich den gestern ins Jenseits beförderten Kater in die Erde betten. Auf der Fahrt durch den Wald mussten verschiedentlich vom Sturm abgerissene Äste aus dem Weg geräumt werden. In einer Kurve lag eine entwurzelte mächtige Fichte quer über der Fahrbahn. Es blieb mir nichts anderes übrig als zu wenden und vom Dorf her durch das offene Feld mein Ziel anzusteuern. Als ich die Ecke des Buchenhochwaldes, an der die gestern benutzte Bullenkanzel stand, erreichte, bot sich mir ein Bild der Verwüstung. Hier hatte der Sturm sich zum Orkan gesteigert. Quer durch den Buchenwald zog sich eine etwa fünfzig Meter breite Schneise umgestürzter, zersplitterter und geborstener Baumriesen. Stämme mit einem Durchmesser von sechzig Zentimetern waren wie Streichhölzer geknickt. Kreuz und quer lagen die teilweise entwurzelten Stämme. Im Gewirr der übereinandergestürzten Stämme und ihrem Astwerk gab es kein Durchkommen.

Wo war meine Bullenkanzel? Gestern Nachmittag hatte ich doch von dort aus den wildernden schwarzen Kater zur Strecke gebracht. Noch immer lag er unter dem Holunderbusch, unter dem ich ihn abgelegt hatte. Ungläubig ging mein Blick zum Waldrand. Drei mächtige Buchen lagen dort mit ihren silbergrauen Stämmen und den mächtigen Kronen in der Wiese, gefällt vom Sturm. Es konnte nicht anders sein; sie hatten unter sich die Bullenkanzel begraben! Ein Schauer lief mir über den Rücken. Als ich mich an den Waldrand herangearbeitet hatte, war das Ausmaß der Katastrophe erst richtig erkennbar. Die drei schweren Buchenstämme lagen dicht nebeneinander wie die Schlaghölzer einer riesigen Rasenfalle auf der zerquetschten Kanzel.

Bis auf wenige Zentimeter Höhe zusammengedrückt waren die Trümmer, die zersplitterten Bretter und Pfosten. Eine Weile stand ich fassungslos. In Gedanken malte ich mir aus, was passiert wäre, wenn ich auf der Kanzel das Unwetter abgewartet hätte. Ich hätte keine Chance gehabt zu überleben!

Noch heute empfinde ich es als eine Fügung des Schicksals, dass ein schwarzer Kater mich dazu brachte, einen Platz zu verlassen, der Minuten später von Tod und Verwüstung heimgesucht wurde. Die Entscheidung, abzubaumen, war für mich eine schicksalhafte Entscheidung, der ich mein Leben verdanke.

In der Krähenhütte

Wer Krähen bejagen will, der muss wissen, wie schwer es ist, der schwarzen Gesellen habhaft zu werden. Die geselligen Vögel, ob im Schwarm oder Familienverband, aber auch als Einzelgänger, sind äußerst wachsam. Sei es im Wald, sei es im Feld, stets ist ein Wächter auf seinem Posten, der seine Artgenossen bei verdächtigen Vorkommen laut krächzend warnt. Es bedarf schon mancher List und Tücke, um an die Schwarzgefiederten heranzukommen. Für unser Revier übte die Schuttkippe an der Grenze zum Nachbarrevier eine große Anziehungskraft auf die „Kracken", wie sie von den Bauern genannt wurden, aus. Es herrschte förmlich eine Krähenplage, sodass wir uns entschlossen, diesem Treiben Einhalt zu gebieten. Selbst die Greifvögel hatten es schwer, sich gegenüber den großen Krähenschwärmen zu behaupten. So manchen „Luftkampf konnten wir beobachten, der oftmals zur Vertreibung der Greife führte. Ein Hütten-Uhu, ein „Auf" musste her! Aber woher nehmen? Gedanklich hatte ich mich schon seit längerer Zeit mit der Konstruktion eines Kunst-Uhus beschäftigt. Jetzt sollte der Gedanke in die Tat umgesetzt werden. Einen Plastik-Uhu käuflich zu erwerben wäre sicher das Einfachste gewesen. Aber wer liebt schon bei seinem Hobby das Einfache, wenn es auch komplizierter geht!

Mein Uhu sollte mindestens mit den Schwingen schlagen können und große, glühende Augen besitzen. Die Zutaten zu meinem Kunst-Uhu waren leicht zu beschaffen. Ein dreißig Zentimeter langes Plastikrohr, ummantelt mit einem Hasenfell, bildete die Grundkonstruktion. Zwei gelenkig gelagerte Aluminiumschienen von ebensolcher Länge, die seitlich in das Rohr eingeführt, im Inneren über eine Zugschnur bewegt werden konnten, dienten als

Träger für die Schwingen, die vormals einem böhmischen Jagdfasan gehört hatten. Ein gewaltiger Krummschnabel aus Kunststoff verzierte meinen „Auf". Gefährlich strahlten seine Augen. Zwei reflektierende rote Rückstrahler mussten dafür zweckentfremdet werden.

Meine „Schöpfung" erregte im Kreis meiner Mitjäger Bewunderung. Was blieb ihnen sonst übrig, wenn sie es mit dem Revierinhaber nicht verderben wollten! Aber vielleicht war die Bewunderung ja auch echt. Zumindest den Lobsprüchen meiner Enkelkinder schenkte ich Glauben, als sie erklärten: „Opa, der Vogel ist super!"

Der erste „Probelauf" meines Maschinen-Uhus war begeisternd. Mein „Patent-Auf" klapperte mit den Flügeln, dass es eine Freude war und meine Enkelkinder ihn daraufhin den „Auf und Ab" tauften. Nun kam es auf den Versuch an, die Wirkung unseres Uhus auf das Krähenvolk auszuprobieren.

Zunächst war die Frage nach einem geeigneten Platz zu klären. Ein kleiner Unterstand für die Milchkannen an Meiers Wiese, längst ohne Bedeutung, bot sich als Krähenhütte an. Die offene Seite war leicht mit ein paar Zweigen verblendet. Meinen Uhu setzte ich auf einen Zaunpfahl in etwa dreißig Metern Entfernung, links und rechts flankiert von knorrigen Apfelbäumen. Ein kleines Problem ergab sich bei der Befestigung des „Aufs" auf dem Zaunpfahl. Schließlich brachte eine Schraubzwinge die perfekte Lösung.

Nun hieß es, die Perlonschnur auszulegen und in der Krähenhütte zu warten. Ich wartete, bis ich schwarz wurde. Zwar überflogen ein paar Schwarzgefiederte nach einer Stunde meinen Ansitzplatz, nachdem sie meinen Uhu mit einem ärgerlichen „Krah, krah, krah" beschimpft hatten. Wild zog ich an meiner Perlonschnur, aber nur die eine Schwinge des „Aufs" bewegte sich; die andere war lahm. Also kroch ich fluchend aus meiner Deckung, um den Kunstvogel wieder flott zu machen.

So schnell gab ich nicht auf. Also kroch ich wieder zurück in meinen Unterstand. Als ich jetzt probeweise an der Schnur zog, schlug mein gewaltig aussehender Uhu tatsächlich mit beiden Flügeln, dass es eine Freude war. Und diese Freude bereitete ich mir noch ein paar Mal, ohne allerdings bei dem Krähenvolk, dessen Krächzen in der Ferne in Richtung Sportplatz zu hören war, Beachtung zu finden. Als ich wieder einmal meinen Uhu mit den Flügeln, die ein wenig zu kurz geraten schienen, schlagen ließ, zog am unteren Wiesenrand Bauer Meier mit seinen vierzehn schwarzweißen Rindern auf die Umzäunung zu. Das fehlte gerade noch, nämlich, dass die Weide belegt wurde! Nachdem er das Tor öffnete und die Herde in die Wiese trieb, schwanden alle Hoffnungen auf eine erfolgreiche Krähenjagd. Aber was war das? Gerade jetzt kam das Krah, Krah, Krah des Krähenschwarms näher. Krähen sind ja neugierig. Sollte ich vielleicht doch noch Erfolg haben?

Ich blieb also sitzen und wartete ab. Tatsächlich! Eine schwarze Wolke kreiste in gebührender Entfernung über der Herde, um dann in Richtung Schuttkippe zum Nachbarn hin abzustreichen. Ganz mit den Krähen beschäftigt hatte ich nicht bemerkt, dass mit zunehmender Distanz zu den abziehenden Krähen der Abstand der Herde zu meinem Uhu sich rapide verringert hatte. Das Leittier zog bereits zielstrebig auf meinen Uhu zu und pflanzte sich in zwei Metern Entfernung vor dem Zaunpfahl auf.

Mit dem unnachahmbaren Blick eines Rindviehs glotzte es mein Kunstwerk an. Ich zog an der Perlonschnur in der Annahme, dass das Flügelschlagen meines „Auf-und-Abs" Wirkung bei der Schwarz-Weißen zeigen würde. Die Wirkung trat ein; nur nicht wie ich sie erwartet hatte. Anstatt die Flucht zu ergreifen, zog der Wiederkäuer noch zwei Schritte weiter auf den Kunstvogel zu, beschnupperte ihn ausgiebig, um ihn dann kräftig zu belecken und ihn dabei von seiner Jule zu stoßen. Erst jetzt machte das Rindvieh den vorhin erwarteten Fluchtversuch mit einem Sprung zur Seite, um sich dann wieder der grasenden Herde anzuschließen.

Für heute war's genug! Kopfschüttelnd verließ ich meinen gedeckten Ansitzplatz in der Hütte, um meinen Uhu, die Schraubzwinge und die Perlonschnur einzusammeln. Traurig sah er aus, mein Uhu. Ein Auge fehlte ihm. Eine Schwinge war verbogen, die andere hatte sich gelöst und baumelte an seiner Seite. Ein Bild des Jammers! Lange Zeit hat er in diesem Zustand in meiner Garage verbracht, bis ich eines Tages entdeckte, dass die Mäuse Gefallen an dem Hasenbalg gefunden hatten. In der Mülltonne fand mein einst so stolzer Uhu sein unrühmliches Ende.

Kein Ende aber nahm die Krähenplage. Wenn ich frühmorgens in den Revierteil Hirschloch fuhr, waren die Obstbäume links und rechts des Weges besetzt von den schwarzen Gesellen. Sie kannten meinen Wagen schon. Wenn der erste Warnruf als schimpfendes Krah, Krah, Krah erfolgte, stoben sie in sicherer Entfernung nach allen Seiten davon.

Ein neuer Plan reifte in mir. Am Wege standen ein Geräteschuppen und eine Scheune. Diese Plätze als Krähenhütte umzufunktionieren musste ein Leichtes sein. Tagsüber nahm ich die beiden Stellen unauffällig in Augenschein. Beide Plätze waren gut geeignet. Der Geräteschuppen schien mir prädestiniert zu sein. Ein schmales Fenster bot sich als ausgezeichnete Schießluke an. Im Inneren standen unter anderem ein paar Stühle und Holzböcke, die einen bequemen Ansitz versprachen.

In der Dunkelheit am Abend richtete ich den Platz für den Morgenansitz ein.

Im Inneren des Schuppens wurde ein hölzerner Bock so vor das Fenster gestellt, dass ich eine optimale Gewehrauflage bei bester Schussmöglichkeit hatte, wobei die Flintenläufe nicht aus dem Fenster ragten. Ein abgestellter, vom Holzwurm angenagter Stuhl bot sich als hervorragende Sitzgelegenheit an. Das Fenster wurde bereits auf Luke gestellt, um am Morgen alle unnötigen Geräusche zu vermeiden. Als ich die Tür hinter mir schloss, um meinen Wirt noch um einen Gutenachttrunk zu bitten, war ich zufrieden mit meinem Werk. Am nächsten Morgen war ich eine Stunde vor Sonnenaufgang wieder am vorbereiteten Platz. Meinen Wagen hatte ich in der noch herrschenden Dunkelheit hinter dem Vereinsheim des am Dorfrand gelegenen Sportplatzes abgestellt. Von dort aus waren es noch ungefähr fünfhundert Meter bis zum Schuppen, in dem ich es mir bequem machte. Vorher hatte ich in Flintenschussentfernung ein paar Hühnereier als Köder in die Wiese vor dem Fenster gelegt; und nun hieß es abwarten.

Noch hatte ich Zeit, in dem dunklen Schuppen ein wenig zu träumen. Ich wurde wach, als ich um die Hütte herum das helle „Kirreck, Kirreck" der Rebhühner in der Morgendämmerung vernahm. Ein Blick durch das Fenster belehrte mich, dass es bereits hell wurde. Noch kroch die Sonne hinter den Baumwipfeln einher, als über dem Hüttendach ein lautes „Krah, Krah" erklang. Der Ruf der Krähe, die sich nach meinem Gehör zu urteilen auf einem hinter der Hütte stehenden Apfelbaum festgesetzt hatte, bewirkte, dass weitere Krähen einfielen, wie aus dem vielstimmigen Krächzen in der Umgebung zu entnehmen war. Aber keiner der schlauen Vögel befand sich in einer Position, die einen Schuss erlaubt hätte.

Ich wurde unruhig, versagte mir aber einen Blick aus dem Fenster. Wenn ich erst entdeckt war, konnte ich meinen Ansitz aufgeben. Ich wartete, jede Bewegung, jedes Geräusch vermeidend. Die Rufe der Krähen waren schwächer geworden. Plötzlich tauchte vor meinem Fenster ein schwarzer Schatten auf. Stumm vorbeifliegend versuchte eine Krähe in das Innere der Hütte zu schauen. Der erste Kundschafter war also in Aktion. Hätte meine Flinte aus dem Fenster geragt, ich bin sicher, die Krähe hätte Alarm geschlagen und das Weite gesucht. Unwillkürlich hielt ich die Luft an. Jetzt keine Bewegung!

Draußen bleibt alles still. Doch dann auf dem Plattendach meiner Hütte ein leises Tapp, Tapp, Tapp ... Tipp, Tipp, Tipp, Tipp. Das ist eine Krähe, die argwöhnisch den Köder auf dem Feld betrachtet und gleichzeitig misstrauisch in das Hütteninnere horcht. Und wieder dieses Tipp-Tipp, Tipp-Tipp, Tipp-Tipp, Tipp, Tipp auf dem Dach. Draußen ist der junge Tag angebrochen. Ein unterdrücktes Gnarren auf dem Dachfirst verrät mir, dass die Krähe mit sich ringt, ob sie den Absprung vom Dach zu den ausgelegten Hühnereiern auf dem Feld wagen soll.

Und sie wagt es! Vor meinem Fenster schwebt sie auf den Köder zu. Vorsichtig stolziert sie um die Hühnereier herum. Jetzt fällt eine zweite Krähe ein, die der ersten die Beute streitig machen will. Meine auf dem Holzbock hinter dem offenen Fenster liegende Flinte bewegt sich nicht. Längst ist sie ausgerichtet auf ihr Ziel. Als der Schießfinger sich am Einabzug der Bockdoppelflinte krümmt, wird die Schwarzgefiederte, die als erste der Versuchung, Beute zu machen, erlag, durch die Schrote an den Platz gebannt. Die Artgenossin sucht mit einem alarmierenden Krah, Krah, Krah das Weite. Im Dorfe schlagen die Hunde an, während der Schuss verhallt. Eine schwarze Krähenwolke kreist über dem Ort des Geschehens, zu hoch, um einen brauchbaren Schuss anbringen zu können. Noch eine Viertelstunde bleibe ich in Deckung, um meinen Platz nicht zu verraten. Erst als es in der Umgebung ruhig geworden ist, verlasse ich den Schuppen, um die erlegte Krähe und meine ausgelegten Hühnereier, von denen eins durch die Schrote Schaden genommen hat, einzusammeln. Die restlichen Eier werden noch zum Frühstück als Spiegeleier schmecken.

Mit geschulterter Flinte und geschossener Krähe mache ich mich auf den Rückweg zu meinem Wagen. Er steht gedeckt hinter der mir abgewandten Seite des Vereinsheims am Sportplatz. Als ich die geschossene Krähe auf die Motorhaube lege und die Flinte von der Schulter nehme, streicht mit einem erschrockenen Krah eine neugierige Krähe um die Ecke herum. Blitzschnell reiße ich die Flinte hoch. Der zweite Schuss, den ich vorhin nicht gebraucht habe, holt sie vom Himmel. Und noch einmal ist das Krächzen und Schimpfen ihrer Artgenossen in der Ferne zu vernehmen. Am Horizont zieht die schwarze Gesellschaft davon, um erst einmal unser Revier zu meiden. Nachdem wir auch weiterhin die schwarzen Gesellen kurzgehalten haben, war in diesem Jahr eine deutliche Zunahme unserer Rebhühner zu verzeichnen.

Auf Grimbarts Spuren

Sie waren wieder da, die Dachse. Nachdem als Mittel zur Bekämpfung der Tollwut die leidige Vergasung der Fuchs- und Dachsbaue durch die Behörden eingestellt worden war, gab es im Revier wieder erfreulich oft Begegnungen mit Grimbart, dem Dachs. Schon seit längerer Zeit hatte ich beobachtet, dass sich an unserem großen Zentralbau im Walde etwas tat. Einige Röhren waren frisch ausgekoffert. Sand und Steine, die ans Tageslicht befördert worden waren, verrieten, dass der Bau wieder befahren war. Das typische Geschleif am Eingang der Röhren und dazu die Dachsaborte rings um den Bau lieferten den Beweis, dass hier Grimbart wieder Einzug gehalten hatte. Bei der „Reinigung" seiner Burg hatte der Dachs auch Knochenreste ins Freie geschafft. Ein gelblicher Dachsschädel ließ erkennen, dass der Bau schon vor längerer Zeit vergast worden sein musste, wobei die „Burgbewohner" ihr Leben ließen. Aber auch Schädelknochen von Hasen und Rehkitzen sowie Geflügelknochen bewiesen, dass der Dachs als Allesfresser nicht wählerisch ist in der Auswahl seiner Beute. Wir freuten uns trotzdem über die Dachse, die sogenannten „Schmalzmänner", in der Fabel Grimbart genannt.

Die erste Begegnung mit einem Exemplar der neu eingebürgerten Dachse hatte ich im Frühsommer morgens in der Feldflur. Bei Sonnenaufgang hatte ich mich auf meinem Sitzstock hinter einem Holunderbusch in die Erde gepflanzt. Ich wollte vom Waldrand aus beobachten, was sich in der Feldflur tat.

Um den spärlich gewordenen Rebhuhnbesatz im Revier aufzufrischen, hatten wir mehrere Paarhühner ausgewildert. Ihnen galt unser besonderes Interesse. Füchse und streunende Katzen mussten kurzgehalten werden. Gegen die „Luftwaffe" in Gestalt von Sperber, Habicht, Milan, Falke und auch Bussard gab es wegen der Vollschonung ohnehin keine Eingreifmöglichkeiten. Das Mardervorkommen hielt sich bei uns in Grenzen. Dafür gab es zweifellos einen Überhang an Hermelinen.

Mein Vorpächter hatte keine Erfahrung mit diesen flinken Räubern gehabt und deshalb die Fallenjagd total vernachlässigt. Als wir die ersten Kastenfallen im Zuge der Rebhuhnaktion im Revier aufstellten, waren wir überrascht. In jeder Falle steckte fast an jedem Morgen ein Hermelin, ein großes Wiesel.

Kein Wunder, dass der Rebhuhnbesatz nicht hochkam. Inzwischen hatten wir aber das Wieselvorkommen, so weit es die Hermeline betraf, auf ein vernünftiges Maß reduziert.

Über diese Situation dachte ich auf meinem Ansitzstuhl gerade nach, als mein Blick von einer Bewegung im Feld festgehalten wurde. Grau in grau wälzte sich dort etwas durch den Klee. Ein Frischling – das war mein erster Eindruck! Aber die Bewegung passte nicht dazu. Dick und rund kam dort etwas angewalzt. Erst das schwarz-weiß gestreifte Gesicht gab Auskunft darüber, dass hier ein Dachs seinen nächtlichen Beutezug beendete. So also sah er aus, unser neuer Bewohner der Dachsburg im Walde. Ich empfand Freude darüber, dass der Dachs wieder bei uns heimisch war, und genoss den Anblick. Schon kurz darauf gab es mit Schmalzmann – vielleicht war es auch seine Frau, die Dächsin – eine neue Begegnung. Es war am frühen Nachmittag eines warmen Augusttages, als ich mit meiner Frau und unserem Rauhaarteckel Ricco einen Waldspaziergang unternahm. Der Waldweg führte leicht bergauf. Ricco stöberte links und rechts des Weges.

Plötzlich schoss er mit einem Satz bergab zu einer Fichte, unter deren tief hängenden Zweigen sich mit Knurren und giftigem Bellen ein wüstes Gerangel entwickelte. Meine Frau und ich, wir standen wie angewurzelt. Ich riss die mitgeführte Flinte von der Schulter. Wer weiß, was sich dort unten in Schussentfernung abspielt? Mit der Flinte in Händen stolpere nun auch ich abwärts in Richtung Fichte. Dort zeigt sich für das Getümmel des Rätsels Lösung.

Ein grau-braunes Knäuel wälzt sich bergabwärts. Ein Dachs, verfolgt von meinem angreifenden Ricco, stürzt sich den Berg hinunter, ohne dass ich eingreifen kann. In wenigen Augenblicken sind die beiden Kämpfer unseren Blicken entschwunden. Hilflos stehen meine Frau und ich im Walde, den in der Ferne verklingenden Hetz- und Kampflaut unseres Hundes verfolgend.

Eine große Sorge befällt uns, weil die wilde Jagd von Dachs und Hund in Richtung Bundesstraße geht. Sollte der Dachs seinen Bau aufsuchen, der jenseits der Straße lag, so mussten die zwei Erzfeinde die viel befahrene Straße überqueren.

Eine Viertelstunde lang standen wir in banger Erwartung. Dann wurden wir erlöst.

Hechelnd und abgekämpft kam Ricco, unser Ricco, den Berg hinauf, um sich Kühlung suchend im feuchten Gras zu unseren Füßen niederzutun. Als wir ihn ansprachen, verdrehte er die Augen, als wenn er mit unnachahmbarem Dackelblick hätte sagen wollen: Dem hab' ich es aber gegeben! Wir gönnten ihm die kurze Verschnaufpause, denn auch uns war es ohne körperlichen Einsatz warm geworden. Die Erklärung dafür, dass der Dachs tagsüber außerhalb seines Baues anzutreffen war, lag wohl darin begründet, dass Ranzzeit herrschte. Schon bald sollten wir den ersten Verlust eines Dachses zu beklagen haben. Am frühen Morgen hatte ich noch in der Dunkelheit den Wald aufgesucht, um das Rotwild zu kontrollieren. Auf dem Rotwildwechsel am Holzplatz war mir wiederholt ein Schmaltier über den Weg gezogen, ohne dass ich Zeit gefunden hätte, auch nur die Büchse in Anschlag zu bringen. So war es mir auch an diesem Morgen ergangen. Nicht flüchtig, aber zügig hatte im Morgengrauen ein Stück Rotwild den schmalen Waldweg überquert und stand dann von der Holzplatzkanzel aus gesehen im toten Winkel hinter Büschen und Bäumen. Aber allein der kurze Anblick hatte mich für den vergeblichen Ansitz entschädigt. Als die Sonne in den Morgenhimmel zog, verließ ich die Kanzel, um mit dem Jagdwagen zur Jagdhütte zu fahren. Am Abzweig des Weges zur Landstraße kam mir, tuckernd mit seinem Trecker, Bauer Fenner entgegen. Als er auf meiner Höhe war, hielt er kurz an. Wir begrüßten uns freundlich wie eh und je, wobei er mir mitteilte, dass im Straßengraben vor der Autobahnbrücke ein toter Frischling läge. Ich bedankte mich und fuhr zu der besagten Stelle. Ja, da lag ein Stück seitlich im Graben. Schon beim Aussteigen erkannte ich, dass es sich nicht um einen Frischling, sondern um einen ausgewachsenen Dachs handelte. Offensichtlich angefahren, war er hier verendet. Ich nahm ihm mit; die Schwarte war noch brauchbar. Schade, dass Grimbart ein so unrühmliches Ende fand. Aber noch nahm die Zahl der Dachse in unserem Revier zu. Die Dachsburg im Walde wurde mehr und mehr ausgebaut. An den Abdrücken der Branten im Sandboden vor den Röhren konnte man erkennen, dass inzwischen Jung- und Altdachse den Bau bewohnten. Nach reiflicher Überlegung entschlossen wir uns, im Interesse unserer Rebhühner die kurze Jagdzeit dazu zu benutzen, um den Besatz zu kontrollieren und eventuell zu reduzieren. So still und unauffällig wie möglich wurde im Wald an der Dachsburg in Sichtweite der Röhren eine Ansitzleiter aufgestellt.

Grimbart sollte mit diesem Zustand und Gegenstand langsam vertraut gemacht werden.

Inzwischen war es Mitte September. An diesem Wochenende war es so weit. Ich bezog bei sinkender Sonne die Ansitzleiter. Die Zwölfer Bockdoppelflinte, bestückt mit Schrotstärke Nr. 1, war mit dabei. Auf das Fernglas konnte ich verzichten, denn die Entfernung zu den Röhren betrug nur zwanzig bis dreißig Meter.

Die Zeit bis zum Einbruch der Dämmerung verging rasch; zu sehr war ich gespannt auf das Erscheinen von Schmalzmann. Schließlich jagt man nicht jeden Tag Dachse!

In Gedanken spiele ich die Schussmöglichkeiten auf die einzelnen Röhren durch. Ich denke, dass Grimbart seinen Bau durch den „Hauptausgang" verlässt. Die Zeit rinnt. Langsam werde ich unruhig. Die Drosseln haben bereits ihren Abendgesang beendet. Auf den Schlafbäumen ist inzwischen das Rucksen der Tauben verstummt. Es dunkelt rasch, und noch immer rührt sich nichts.

Oder doch? Mir ist, als ob ich in der Hauptröhre ein dumpfes Poltern gehört hätte. Es knistert und krispelt, ohne dass sich etwas an der Oberfläche zeigt. Längst sitze ich mit der Flinte im Anschlag. Probeweise betätige ich schon einmal die Schiebesicherung. Aber ein Dachs kommt dennoch nicht zum Vorschein.

Schon beginne ich, mit zunehmender Dunkelheit mutlos zu werden, als es jetzt in einer Nebenröhre Geräusche gibt. Und da ist er! Grimbart, der Dachs! Kurz zeigt er sich am Ausgang, um rasch wieder unter der Erde zu verschwinden. Das ist keine Schussposition. Dachse sind hart in Nehmen und versuchen, wenn sie angebleit sind, im Bau zu verschwinden und sich in die Burg zu retten.

Also Geduld, Geduld! Das Warten fällt mir schwer. Jetzt höre ich erneut Geräusche. Mehr als ich es sehen kann ahne ich die Umrisse des Dachses, der sich jetzt ins Freie schiebt und den Sand aus der Schwarte schüttelt, dass es in dem trockenen Laub am Boden nur so prasselt. Jetzt sehe ich sehr schwach sein schwarz-weißes Gesicht.

Rasch noch einmal über die Laufschiene den Fleck anvisiert ... Wo ist das helle Gesicht geblieben?

Ich erkenne nur noch die Farbe Grau, Grau in grauem Umfeld. Bergab raschelt es derb im trockenen Buchenlaub in der Dunkelheit. Schnell wird das Geräusch schwächer.

Entkommen! Entkommen ist mir der Dachs nach stundenlangem Warten. Eine Weile sitze ich noch gedankenverloren im Dunkeln, bevor ich den Heimweg antrete.

Die nicht benutzten Patronen klimpern in meiner Tasche, als ob sie kichernd sagen wollten: Nicht geschossen ist so gut wie vorbeigeschossen, mein Lieber!

In Nachhinein war ich froh darüber, nicht geschossen zu haben. Denn schon zwei Tage später forderte der Straßenverkehr ein weiteres Opfer aus der Dachsfamilie. Um den Besatz nicht zu gefährden, hieß das für uns Jäger „Hahn in Ruh".

Jägers Erntedank

Es malt der Herbst mit leichtem Strich
in bunten Farben Busch und Baum.
Des Sommers Farbe – sie verblich;
die letzten Rosen leuchten kaum.

Im Frühtau glitzern Spinngewebe,
wenn sie der Sonne Strahl erreicht.
Am Berghang sonnt sich noch die Rebe,
wenn schon im Tal der Nebel steigt.

Die Felder leeren sich mit Macht;
gepflügt der Acker, schwarz und braun.
Dagegen steht die Farbenpracht
goldgelb von Busch und Baum.

Hubertus, unser Schutzpatron,
erhalte Wald und Wild
und auch den güldenen Farbenton
zum herbstlich bunten Bild.

An der Salzlecke

Sie stand am Rand einer jungen Fichten- und Lärchenkultur im Buchenhochwald. Auf dem Baumstumpf einer abgeknickten jungen Buche hatten wir die Salzlecke als Stocksulze errichtet. Der Stamm, der in etwa einem Meter Höhe den Natursalzleckstein trug, war seit Jahren ein Magnet für das Wild. In den Abend- und Morgenstunden, aber auch tagsüber, hatten wir dort so manches Stück Wild beobachten können, wenn es ausgiebig mit dem Lecker den inzwischen blanken Stamm bearbeitete, um sich mit Mineralstoffen zu versorgen. Zwischen den silbergrauen Stämmen des Hochwaldes hatten wir für die Wildbeobachtung eine stabile Ansitzleiter errichtet. Es war für uns ein gern besuchter Platz, der uns manchen guten Anblick bescherte. Heute wollte ich einmal einen Pirschgang am Vormittag wagen. Ein festes Ziel hatte ich nicht. Es ging bereits auf elf Uhr zu, als ich mich auf dem geschotterten Grenzweg in Richtung Eckart-Leiter bewegte, dem Platz, an dem unsere Salzlecke stand. Meine leichten Pirschschuhe gestatteten eine fast geräuschlose Fortbewegung. Der abschüssige Weg verlief in einer leichten Rechtskurve. Und hinter dieser Kurve stand im Wald unsere Salzlecke.

Als ich bereits das Kurvenstück des Weges einsehen konnte, stand urplötzlich Rotwild auf dem Weg. Sechzig Gänge entfernt verhofften unbeweglich ein Hirsch und ein Schmaltier. Völlig ohne Deckung stand ich mit geschulterter Büchse wie angewurzelt. Minutenlang änderte sich nichts an der Situation. Wie lange würde dieser Zustand wohl dauern? Es fiel mir bereits schwer, Haltung und Ruhe zu bewahren. Die „Standfestigkeit" des Rotwildes war erstaunlich. Erst als ein verhaltenes Mahnen aus der angrenzenden

Dickung erklang, wurde mir klar, dass ich einen Trupp Rotwild vor mir hatte, wobei das dritte Stück, vermutlich das führende Alttier, in der Fichtendickung stand. Erst jetzt zogen die beiden Stücke vom Weg behutsam in die Dickung.

Ich entkrampfte mich. Die Frage ging mir durch den Kopf: Hätte ich schießen sollen? Die Frage musste anders gestellt werden: Hätte ich schießen können? Zwar war Schusszeit, aber wahrscheinlich wären die beiden Stücke abgesprungen, bevor ich die Büchse von der Schulter genommen und durchgeladen hätte. Und auf dem Grenzweg schießen? – Im Stillen war ich froh, dass sich die Situation von allein entspannt hatte.

Ich musste prüfen, wo das Rotwild seinen Einstand hatte. Sicherlich war die Salzlecke nur ein Anziehungspunkt. So nahm ich mir vor, am nächsten Morgen dort anzusitzen.

Gesagt – getan. Rechtzeitig war ich im Walde. Dieses Mal benutzte ich nicht den Grenzweg; aus entgegengesetzter Richtung arbeitete ich mich in Richtung Salzlecke im Buchenhochwald vor. Wie eine Insel standen die hohen Buchen in dem Waldgebiet, umrahmt von jungen Fichten und Lärchen. Als ich den Saum des Hochwaldes erreichte, ging mein Blick zwischen den silbergrauen Stämmen hindurch in Richtung Salzlecke. In einer schmalen Lücke schimmerte es rötlich. Täuschte ich mich oder stand dort wirklich Rotwild? Ich lag bereits auf den Knien, als ich vorsichtig die Büchse von der Schulter nahm. In Zeitlupentempo setzte ich das Fernglas an die Augen. Kein Zweifel! Dort stand ein Stück Wild. Und es stand an der Salzlecke. Aber um was handelte es sich? Das zwischen den Stämmen sichtbare Stück der Decke gab keinen Aufschluss. Nach Indianerart schob ich mich auf allen vieren in dem trockenen Buchenlaub vorwärts, um einen günstigeren Blickwinkel zu erlangen. Es kostete Mühe und Zeit, bis ich endlich zwischen zwei Buchenstämmen lag, die meinen Blick freigaben. Nunmehr hatte ich das Stück voll in Anblick bis auf das Haupt, das immer noch durch einen Stamm verdeckt war. Mit der achtfachen Vergrößerung des Zielfernrohres visiere ich bereits das Stück an. Mit der achtfachen Vergrößerung ist dabei ein sauberes Ansprechen möglich, wenn nur für einen Augenblick das Haupt zu sehen wäre. Mein Atem geht rasch, und der Zielstachel tanzt auf dem Wildkörper. Noch einmal will ich meine Schussposition verbessern, als unter meinen Knien ein dürrer Zweig im Buchenlaub knackt. Blitzschnell äugt das Stück an der Salzlecke in meine Richtung. Weiblich! Vermutlich das Schmaltier von gestern morgen.

Zu mehr reicht es nicht. Mit einem Schritt entzieht sich das Wild meinen Blicken hinter den Buchenstämmen. Noch verharre ich zusammengekauert mit der Büchse im Anschlag an meinem Platz. Aber umsonst! Aus und vorbei. Jedenfalls für heute morgen. Jetzt hatte mich das Jagdfieber gepackt. Was gestern und heute nicht gelungen war – vielleicht gelang es morgen? Unruhig verbrachte ich die Nacht. In Eile verschlang ich mein Frühstück. Eine Stunde früher als gestern schlich ich wieder auf dem gleichen Weg in Richtung Salzlecke im Buchenhochwald. Wiederum erreichte ich nach Verlassen der Dickung den Waldsaum des Hochwaldes. Wiederum geht mein Blick zu der Stocksulze. Unglaublich! Wiederum steht dort mein Schmaltier und tut sich an dem ausgewaschenen Salz gütlich.

Dieses Mal muss alles schnell gehen, solange die Überraschung anhält. Ich hebe die griffbereite Büchse. Der Stecher klickt. Da prasselt und rasselt es zwanzig Schritte neben mir im Unterholz. Dumpf klingen auf dem Waldboden die Schalen eines flüchtenden Hirsches, des Sechser-Hirsches, den ich vorgestern in Begleitung des Schmaltiers auf dem Grenzweg vor mir hatte.

Erschrocken blicke ich ihm nach. Als ich mich erneut der Salzlecke zuwende, ist der Platz leer. Noch eine Stunde warte ich hinter meinem Buchenstamm in der Hoffnung, dass sich vielleicht doch noch etwas zeigt. Aber vergeblich!

Stocksauer verlasse ich schließlich meinen Stand, um mir im tiefen Wald einen ruhigen Platz auszusuchen, an dem ich meinen Frust verträumen kann. Die „Hirschleiter", so genannt, nachdem dort ein Vierzehnender zur Strecke kam, scheint mir dafür besonders geeignet zu sein. Die Leiter hatte ihren Platz auf einer kleinen Blöße, die fast zugewachsen war, umringt von bürstendichter Fichtendickung. Niemand würde mich auf der hohen, bequemen Leiter stören. Auf dem Weg dorthin, lasse ich meine gestrigen und heutigen Erlebnisse noch einmal gedanklich Revue passieren. Dann verkrieche ich mich im wahrsten Sinne des Wortes auf der Hirschleiter. Der Bewuchs auf der Blöße wies nur noch schmale Lücken auf, die den Blick auf den Waldboden freigaben. Ich legte die Büchse seitlich auf dem breiten Sitzbrett ab und machte es mir bequem. Ein herrliches Gefühl, in der Waldeinsamkeit auszuspannen. Rasch übermannt mich ein leichter Schlummer.

Als ich plötzlich aufwache, habe ich das Zeitgefühl verloren. Eine Drossel zetert in meiner Nähe. Ein Blick auf die Uhr zeigt mir, dass ich eine gute halbe Stunde in Morpheus' Armen verbracht habe. Jetzt ist es früher Nachmittag, und die Blöße liegt sonnenbeschienen vor mir. War da nicht eine Bewegung in einer winzigen Lücke! Tatsächlich. Im Blickfeld des Fernglases bewegt sich Blattwerk! Das Haupt einer Ricke, einer uralten Ricke nach dem trockenen Haupt zu urteilen, verbirgt sich dahinter. Dann ist wieder alles vom Blätterwald verschluckt. Während ich noch überlege, ob ich die „alte Tante", wenn sie noch einmal auftaucht, schießen soll, erscheint vor mir für einen kurzen Augenblick ein Teil des Wildkörpers.

Dunkelrot schimmert es mir entgegen! Der Wildkörper ist viel zu stark für eine Ricke! „Rotwild", durchzuckt es mich. Das ist Rotwild! Deshalb das trockene Haupt!

Mit größter Vorsicht greife ich zur Büchse. Als ich das etwa vierzig Gänge entfernt stehende Stück im Zielfernrohr habe, verschwindet das Rot. Grün, nichts als Grün ist im Glas zu erkennen. Der grüne Blätterwald hat das Stück verschluckt. Mit dem bloßen Auge versuche ich, am Ort des Verschwindens eine erneute Bewegung auszumachen. Es ist wie im Theater: Der Vorhang öffnet sich, und plötzlich steht Rotwild auf der Bühne. Und dann fällt der Vorhang, und alles ist vorbei!

Als sich das Jagdfieber gelegt und ich den nötigen Abstand von den verpassten Gelegenheiten gewonnen hatte, kam mir der Gedanke, ob das Stück nicht mein Schmaltier vom Vormittag gewesen sein könnte, das, wie ich, nach der Aufregung einen ruhigen Platz gesucht hatte. Es mag sein – oder auch nicht; die drei vergangenen Tage mit der Begegnung von Rotwild werden immer bei mir in guter Erinnerung bleiben. Nicht der erfolgreiche Schuss ist dabei entscheidend, sondern die Spannung des jagdlichen Erlebnisses.

Und noch einmal sollte ich nach Wochen Gelegenheit haben, dem Schmaltier, über das Diana offensichtlich ihre schützende Hand hielt, zu begegnen. Nach dem Morgenansitz befand ich mich mit dem Jagdwagen auf dem Grenzweg zwischen Staatsforst und Revier auf der Heimfahrt. Ich hatte einen herrlichen Sonnenaufgang erlebt und viel Rehwild in Anblick gehabt. Einen starken Fuchs hatte ich zur Strecke gebracht. Ich fühlte mich rundum zufrieden.

Ab der Wegekurve in der Nähe unserer Salzlecke begrenzte ein etwa zweihundert Meter langer Gatterzaun den Weg. Ein zweites Gatter schloss sich an. Als ich diese Stelle passierte, glaubte ich meinen Augen nicht zu trauen. In dem schmalen Durchgang, links und rechts flankiert von den 1,80 Meter hohen Gatterzäunen, stand in zwanzig Metern Entfernung ein ... Schmaltier! Mein Schmaltier? Eine todsichere Gelegenheit, das Stück zu erlegen. Anhalten, die Waffe aus dem Wagen nehmen, durchladen ... Da geschah das schier Unmögliche. Aus dem Stand überflog das bis dahin unbeweglich stehende Stück den hohen Gatterzaun mit einem mächtigen Sprung, um in Richtung Salzlecke im Dickicht zu verschwinden. Wenn ich heute an der Wegstelle vorbeikomme, geht mein Blick immer noch zu dem Durchgang zwischen den beiden Gattern. Das Bild des eingepferchten Schmaltieres, das dennoch entkam, steht unauslöschlich vor meinen Augen. Doch solche Situationen wiederholen sich in der Jagd so gut wie nie. Oder vielleicht doch? Jäger geben die Hoffnung auf den krönenden Jagderfolg nie auf!

Zur Nachtzeit an der Winterfütterung

Der Winter hatte seinen Einzug gehalten. Seit Tagen lag Schnee. Bei kräftigen Minustemperaturen blies dazu ein beständiger Ostwind, der in der Feldflur teilweise erhebliche Schneeverwehungen hervorgerufen hatte. Die durch das Dorf führende Landstraße war geräumt. Mein erster Versuch, über den abzweigenden Hauptweg vom Dorf her unsere im Walde gelegene Zentralfütterung zu erreichen, war fehlgeschlagen. Schon fünfzig Meter hinter dem Dorfausgang hatte ich mich hoffnungslos festgefahren und war im Schnee steckengeblieben. Gott sei Dank hatte ich es nicht weit bis zum Hof des Jagdvorstehers, der ohne viele Worte den Motor seines schweren Traktors startete und meinen Wagen kurzerhand mittels einer starken Kette bis auf seinen schneefreien Hof zog.

Dort wurde ich zunächst einmal freundlich eingeladen, eine Kostprobe von der letzten Hausschlachtung zu nehmen. Das konnte und wollte ich nicht abschlagen; die frische Wurst schmeckte köstlich und der selbst gebrannte Birnengeist war dazu eine edle Ergänzung. Kein Wunder, dass es langsam dämmerig wurde, als wir unsere „Brotzeit" beendeten.

Als mein Wagen in Richtung meines Dorfwirtes vom Hofe rollte, überlegte ich mir unterwegs, ob ich nicht doch noch einen Nachtansitz an der Zentralfütterung wagen sollte. Den ganzen Abend in der Wirtschaft hocken wollte ich nicht. In meiner Garage standen mehrere Paar Skier. Die würden mir helfen, meine Absicht in die Tat umzusetzen. Schon lange war ich nicht mehr auf Skiern durch die nächtliche Winterlandschaft gezogen.

Nachdem ich meinem Gastwirt Bescheid gegeben hatte, dass ich etwa um Mitternacht vom Ansitz zurück sein würde, schnallte ich die Skier auf das Wagendach und fuhr zurück ins Dorf. Am Waldparkplatz, der von Schnee geräumt war, ließ ich meinen Wagen stehen. Bevor ich die Bretter anschnallte überlegte ich mir, mit welcher Ausrüstung ich losziehen musste, um einerseits beim Marsch durch den Schnee nicht zu warm, andererseits für den Ansitz nicht zu leicht bekleidet zu sein. Der Jagdoverall war gerade recht beim Skilauf. Für den Ansitz wurde der pelzgefütterte Lodenmantel auf den Rucksack geschnallt. Mit übergezogenem Schneehemd war ich einigermaßen auf der weißen Schneefläche getarnt. Büchse, Nachtglas und Jagdmesser gehörten zur obligatorischen Ausrüstung.

Es war ungewohnt, als ich die Skistöcke in die Hand nahm und davonglitt. Nach den ersten Metern machte das Dahingleiten durch den Schnee richtig Freude. Die Skier liefen gut. Nach etwa zweihundert Metern hielt ich in Höhe des kleinen Feldgehölzes an der verschneiten Viehtränke, mitten in der Feldflur gelegen, an. Der Atem dampfte in der kalten Winterluft, als ich, auf die Skistöcke gestützt, ringsum das weite Feld mit dem Nachtglas absuchte.

Ein Sprung in Stärke von acht Stück Rehwild stand auf dem verschneiten Rapsfeld vor dem „Wachtturm", einer Ansitzkanzel am Waldrand. In gleicher Richtung war das Bellen eines Fuchses zu vernehmen. Das weiche „Kau, Kau, Kau" hörte sich wie der Ranzlaut einer Fähe an. Doch dazu war es eigentlich noch zu früh in der Jahreszeit. Erfahrungsgemäß ranzten bei uns die Füchse Ende Januar, meistens Anfang Februar; und wir schrieben heute erst den fünfzehnten Dezember. Es war wunderschön, in der winterlichen Stille die weite Schneefläche zu überblicken. Ganz vereinzelt waren vom Dorf her durch den Schnee gedämpfte Geräusche zu hören. Ich schnallte meinen Rucksack ab und machte am Rande des Feldgehölzes eine Rast von einer Viertelstunde. Der Ruf des Käuzchens verriet mir, dass ich dem kleinen Nachtjäger mit den großen Augen nicht verborgen geblieben war; und das trotz meiner Tarnkleidung.

Als ich die Kälte langsam in mir hochklettern fühlte, setzte ich meinen Weg zur Zentralfütterung im Walde, die mein Ziel war, fort. Sachte glitten die Skier durch den unberührten Schnee. Kurz vor Erreichen des Waldrandes flitzte ein Mümmelmann in Richtung Dorf. Vielleicht reizten ihn dort die Grünkohlstrünke in den Hausgärten. Bevor ich in den Wald eintauchte, ging mein Blick durch das Nachtglas noch einmal zurück zu dem Sprung Rehwild auf dem Rapsfeld.

Das Feld war leer; in der Umgebung war kein Reh mehr zu entdecken. So zog ich weiter in den Wald hinein. Der verschneite Waldweg endete nach etwa dreihundert Metern an unserer Zentralfütterung. In einer leichten Kurve stand zurzeit ein Unterkunftswagen der Gemeindearbeiter, die dort den letzten Windbruch aufarbeiteten. Tür und Fensterläden des Wagens waren nicht verschlossen, sodass mir der Gedanke kam, hier meinen Beobachtungsplatz zu beziehen. Der Platz war ideal für einen winterlichen Nachtansitz. Als ich die Skier abschnallte und das Innere des Wagens betrat, kam mir der verführerische Gedanke, den in der Ecke stehenden Kanonenofen anzuzünden und, im Warmen sitzend, den winterlichen Wald zu beobachten. Aber dann begnügte ich mich doch damit, eine Bank vor das Wagenfenster zu schieben und es mir im windgeschützten Raum bequem zu machen.

Es ist schon lange her, dass ich einen solchen komfortablen Nachtansitz erlebt habe. Vorsichtig prüfe ich, ob sich das Fenster geräuschlos öffnen lässt. Zwar habe ich nicht die Absicht, Wild zu erlegen; aber Vorsicht ist besser als Nachsicht! Es funktioniert. Der Mond ist inzwischen aufgegangen und verzaubert den Wald durch das Wechselspiel von Licht und Schatten. Wie ich feststelle, führen ein paar ausgetretene Wechsel zur Zentralfütterung. Draußen ist alles still. Dafür knistert es schon eine ganze Weile in einer Ecke des Bauwagens. An dem fettigen Pergamentpapier, das die Waldarbeiter nach Beendigung ihrer Brotzeit auf den Boden geworfen haben, knabbern leise raschelnd ein paar Waldmäuse. Wie kleine Kobolde huschen sie über den Holzboden von einer Ecke in die andere.

So vergehen zwei Stunden, ohne dass sich draußen etwas tut. Ich will mich gerade wieder meinen Mäusen zuwenden, als mir eine Bewegung auf einem der Wechsel zur Fütterung hin auffällt. Ohne Glas kann ich erkennen, dass ein Stück Rehwild zur Fütterung zieht. Jetzt folgen dem ersten Stück zwei schwächere Stücke. Ohne Zweifel handelt es sich um eine Ricke mit ihren beiden Kitzen. Bedächtig und vertraut ziehen sie durch den Schnee. Während die Ricke an dem mit Apfeltrester gefüllten Trog steht, beäsen die beiden Kitze ein paar kniehohe Fichten am Rande der überdachten Fütterung. Ein friedliches Bild im Winterwald!

Plötzlich wird die Ricke unruhig. Im Stechschritt zieht sie ein paar Meter nach vorn und baut sich vor den Kitzen auf. Irgendetwas stimmt da nicht! Sollte da ein Bock anwechseln oder vielleicht sogar ein Stück Schwarzwild? Scharf beobachte ich mithilfe des Nachtglases das Umfeld. Zu erkennen ist nichts. Und nochmals rückt die Ricke drei Meter vor und schreckt verhalten. Sollte das eventuell mir gelten? Wind kann sie auf keinen Fall von meiner Anwesenheit bekommen haben.

Während ich weiter nach einer Erklärung für das Verhalten des Rehwildes suche, zeigt sich hinter den Stämmen im Schnee ein dunkler Strich, der auf die Fütterung loszieht. Das schwache „Kau, Kau, Kau" verrät den anwechselnden Fuchs!

Sollte das der Fuchs sein, der mir vor zwei Stunden beim Anmarsch in der Feldflur aufgefallen ist? Zielstrebig schnürt er auf die Ricke zu. Mein Vorsatz, heute Abend Hahn in Ruh' zu lassen, ist schnell vergessen. Die Ricke unternimmt, als der Fuchs sich ihr bis auf etwa acht Meter genähert hat, einen Ausfall.

Mit kurzen Bocksprüngen geht sie zum Scheinangriff über. Der Fuchs weicht seitwärts aus und duckt sich im Schnee, während die drei Stücke Rehwild auf Abstand gehen.

Automatisch greife ich zur Büchse. In Anschlag gehen, den Lauf durch das geöffnete Fenster schieben und die Waffe einstechen gehen fließend ineinander über, sind fast eins. Dreißig Meter sind es bis zum Ziel. Das Mündungsfeuer blendet mich kaum. Wie vom Blitz getroffen verschwindet der Fuchs im Schnee. Laut schreckend springt das Rehwild ab, als im winterlichen Wald der Schuss verhallt.

Wollte der Fuchs das Rehwild wirklich angreifen? Egal, ein Fuchs in dieser Situation gehört nicht an die Winterfütterung. Noch verbleibe ich zehn Minuten in dem Bauwagenversteck, bis ich die Tür öffne und durch den Schnee stapfe, um nach dem erlegten Fuchs zu sehen. Als ich vor ihm stehe, fällt mir auf, dass der Rotrock stark abgekommen ist. Das Verhältnis von Körper zur Lunte macht das besonders deutlich. Struppig und ruppig kommt mir der Balg vor. Ich ziehe den Handschuh aus und hebe den toten Räuber an der Lunte hoch. Dabei habe ich das Gefühl, eine stumpfe und verklebte Standarte in der Hand zu haben.

Sollte der Fuchs krank sein? Es sieht so aus. Vorsichtshalber krame ich aus meiner Manteltasche das obligatorische Stück Bindegarn vom Mähdrescher meines Dorfwirtes hervor und befestige es an der Lunte. Die Berührung mit bloßen Händen ist mir nicht geheuer. Im Schnee reinige ich provisorisch meine Hände. Dann ziehe ich den Fuchs hinter mir her bis zum Bauwagen. In einer leeren Holzkiste deponiere ich den Balg, den ich mir morgen bei Tageslicht gründlich ansehen werde.

Als ich die Skier anschnalle, zeigt mir ein Blick auf die Uhr, dass es bereits kurz vor Mitternacht ist. Wie im Fluge ist die Zeit vergangen. Auf meiner alten Spur im Schnee gleite ich durch den dunklen Wald und durch die Feldflur zurück zu meinem Jagdwagen. Schon bald liege ich, noch immer mit dem vorangegangenen Jagderlebnis beschäftigt, im wohlig warmen Hotelbett. Bei Sonnenaufgang bin ich am anderen Morgen wieder auf den Läufen. Am Dorfausgang stelle ich mich auf meine Bretter und die Loipe der vergangenen Nacht. An dem Feldgehölz, an dem ich die Rast eingelegt hatte, kreuzt eine Fuchsspur die Bahn meiner Skier. Wie eine Perlenkette läuft sie aus dem Gehölz ins freie Feld, wo sie sich in der weißen Fläche verliert.

Als ich schließlich an den Ort des nächtlichen Jagdgeschehens zurückkehre, um den in der Holzkiste deponierten toten Fuchs zu untersuchen, liegt das Ergebnis klar auf der Hand: Der Fuchs hat die Räude! Am Fang und an den Gehören befinden sich typische graue Kahlstellen in der rissigen Haut. Stumpf, glanzlos und struppig sind Balg und Lunte. Verpackt in einem Plastiksack landet er in der Kesselfeuerung des am Ort ansässigen Holzwerkes.

Im darauffolgenden Frühjahr ging ein Stück Rehwild den gleichen Weg der unschädlichen Beseitigung. Das Stück, ein Schmalreh, zog klagend durch den Bestand. Es war tollwütig, floh Bäume an und ließ jede Scheu vor dem Jäger vermissen. Der erlösende Schuss war die einzige Möglichkeit, seine Qualen zu beenden, aber auch die Ansteckungsgefahr für Mensch und Tier zu bannen.

Für uns Jäger galt seit dieser Zeit: Kein Pardon für Reineke! Heute, nach Einführung der Schluckimpfung für den Fuchs, verfügen wir wieder über einen angemessenen Besatz an Rotröcken. Gesunde Füchse gehören ins Revier! Dann sind sie für den Jäger nicht nur Konkurrenten, sondern durch ihren Anblick auch eine jagdliche Freude.

Heiligabend im Revier

Gefallen ist in letzter Nacht
wie leichter Flaum der Schnee.
Die weißen Flocken haben sacht
für Has' und Huhn, für Hirsch und Reh
sanft zugedeckt das Gras, den Klee.
Und heut' ist Heilige Nacht.

Der Wald ist still, vom Frost erstarrt,
ächzt unter weißer Last.
Die alte Eiche leise knarrt.
Ein junges Böckchen, schon im Bast,
voll Eifer sucht nach Eichelmast;
es platzt im Schnee und scharrt.

Im Dorf entzünden sich die Lichter
am bunt geschmückten Weihnachtsbaum.
Der Kinder glänzende Gesichter,
sie können es erwarten kaum,
erfüllt zu seh'n den Weihnachtstraum.
So sind die kleinen Wichter.

Vom Kirchturm her die Stunde schlägt;
Bescherung gab's im Haus.
Vom Turm, der eine Haube trägt,
schallt's in die Nacht hinaus.
Die ersten Kerzen brennen aus.
Im Feld hat sich der Wind gelegt.

In dieser Nacht empfinde ich
die Stille doppelt schwer.
Es ist, als ob der Wald mit mir
in Einsamkeit verbunden wär'.
Und über mir das Sternenmeer
zeigt silbern strahlend sich.

Und in verschneiter Waldesmitte
ist auch für mich ein Licht gesteckt.
In der vertrauten Jägerhütte
ist liebevoll der Tisch gedeckt.
Und – wenn der neue Tag mich weckt,
ist Weihnacht in der kleinen Hütte.

Quo vadis, Nachtjagd und deutsches Waidwerk?

Wenn ich in meinen jagdlichen Erinnerungen zurückblättere, dann stelle ich fest, dass meine reizvollsten jagdlichen Erlebnisse mit dem Zauber der Nacht verbunden waren. Sei es in der Morgendämmerung bei anbrechendem Tag, sei es in der Abenddämmerung nach Sonnenuntergang, sei es in silberhellen Mondnächten mit und ohne Schnee; zu diesen Zeiten war die Welt noch heil, die Tierwelt im Schutze der Dunkelheit noch vertraut.

Die nächtliche Welt – im Bereich der Jagd – sie war noch heil. Sicherlich waren vor Jahren auch schon einige Abstriche zu machen. Mehr und mehr verdrängte das von den Menschen geschaffene Kunstlicht den Schleier der Nacht. Wie Perlenketten ziehen sich heute die Straßenbeleuchtungen selbst kleinster Dorfstraßen durch die nächtliche Landschaft.

Auf der grünen Wiese errichtete, in die Landschaft hineingepresste neue Industriegebiete erhellen den Nachthimmel. Selbst kleinste Dörfer verfügen heute über Sportanlagen, deren Flutlicht bis in die Nachtstunden hinein die Landschaft in gleißendes Licht taucht. Dem Heer der nächtlichen Autofahrer, die mit grellen Scheinwerfern sich in die Dunkelheit fressen, fallen viele, viel zu viele Wildtiere zum Opfer.

So sehr man auch über eine Abhilfe nachdenken mag, eine Lösung des Problems wird man nicht finden. Zusätzlich zu diesem unlösbaren Problem haben sich im letzten Jahrzehnt in der Jagd technische „Errungenschaften" breit gemacht, die uns Jäger nachdenklich machen sollten. Auch in der Jagd wird die Nacht zum Tag gemacht. Die Technik macht's möglich! Angebote für Batterie- und Akkulampen, für Infrarot-Lampen und beleuchtete Zieleinrichtungen, für Nachtsichtgeräte der verschiedensten Generationen sind in den Jagdzeitschriften zu finden.

Sicherlich haben sich die Jagdverhältnisse schon immer mit dem Fortschritt der Technik verändert. Keule, Speer, Pfeil und Bogen sind den Feuerwaffen gewichen; optische Geräte haben es den Menschen ermöglicht, Objekte vergrößert zu betrachten. Nun stehen wir am Anfang einer neuen Epoche, dem Zeitalter der Elektronik. Rasch hat der Mensch begriffen, dass mit diesen optischen und elektronischen Hilfsmitteln die Nacht zum Tag gemacht werden kann. Hochentwickelt steht diese Technik für Kriegszwecke zur Verfügung. Aber sie schleicht sich bereits ein in das normale Leben. Die Jagd bleibt davon nicht verschont.

Ob die Nachtsichttechnik letztendlich in der Jagd Einzug halten wird, ist nicht unerheblich davon abhängig, inwieweit die Menschen, namentlich die Landwirte, dem Wild eine Chance geben, die Äsungsflächen bei Tageslicht aufzusuchen. Wer im gleißenden Scheinwerferlicht seiner Traktoren bis in die Nachtstunden hinein die Felder bewirtschaftet, darf sich nicht wundern, wenn tagaktive Wildtiere sich zum heimlich werdenden Nachttier entwickeln. Wenn dann noch die Jägerschaft staatlicherseits unter Abschusszwang gesetzt wird, schließt sich der Teufelskreis. Die Nachtjagd wird damit unvermeidbar.

Wer die Lebensgewohnheiten einer Population zerstört, zerstört zugleich Lebensgrundlagen, zerstört am Ende die gesamte Population.

Wenn wir dem Wild und damit der Romantik der Jagd, speziell der jetzt noch nur mit Ausnahmen zulässigen Nachtjagd eine Chance geben wollen, dann wird nur ein freiwilliger Verzicht der Jäger auf diese Hilfsmittel des „Technischen Fortschritts" den nächtlichen Schutz des Wildes, die nächtliche Ruhe in unseren Revieren bewahren können. Der Titel dieses Buches „Wenn es Nacht wird im Revier", der Erlebnisreichtum nächtlicher Ansitze ist sonst zu vergessen.

Die Frage für uns Jäger bleibt bestehen: Quo vadis, Nachtjagd, quo vadis, deutsches Waidwerk?

Bildnachweis

Mit 14 Skizzen und Illustrationen von Rainer Schall

Impressum

Umschlaggestaltung von eStudio Calamar unter Verwendung einer Farbfotografie von Karl-Heinz Volkmar

Mit 14 Zeichnungen von Rainer Schall

Unser gesamtes lieferbares Programm und viele weitere Informationen zu unseren Büchern, Spielen, Experimentierkästen, DVDs, Autoren und Aktivitäten finden Sie unter **www.kosmos.de**

Gedruckt auf chlorfrei gebleichtem Papier

© 2011 Franckh-Kosmos Verlags-GmbH & Co. KG, Stuttgart.
Alle Rechte vorbehalten
ISBN 978-3-440-12529-8
Redaktion: Ekkehard Ophoven
Produktion: Die Herstellung, Korntal
Printed in The Czech Republic / Imprimé en République Tchèque

KOSMOS.
Fantastische Fotos.

Florian Möllers | Wildschweine
160 Seiten, 164 Abb., €/D 14,95
ISBN 978-3-440-12793-3

Fesselnde Wildtiere hautnah erlebt!

So hautnah hat man Wildschweine noch nie erlebt: Über viele Jahre hat der exzellente Wildtierfotograf Florian Möllers die urigsten Bewohner unserer Wildbahn mit der Kamera eingefangen. Seine brillanten fotografischen Einblicke in das Leben der faszinierenden Anpassungskünstler präsentiert er in diesem Bildband mit informativen und unterhaltsamen Begleittexten.

www.kosmos.de/jagd